陈卫新 编

中国室内设计大系II
11

辽宁科学技术出版社
沈阳

目录

REAL ESTATE

CONTENTS

Shanghai Intoo Automation Technology Co., Ltd

上海因途自动化科技公司办公空间

设计单位：目心设计研究室
设　　计：张雷、孙浩晨
参与设计：龙奇华、余钦文、吴越
面　　积：78 m²
坐落地点：上海
摄　　影：张大齐

本案是位于上海张江高科的一个办公项目。客户的要求很简单："我们希望这个78平方米的办公室能以最低的预算满足足够多的功能空间，并充满趣味性。"

为了消除办公空间以往严肃紧张的固有印象，我们在平面功能最大化的基础上，营造丰富的灰空间。黑白极简的设计语言在节省造价的同时完美契合了 IT 公司的现代感与科技感，而木质的飘窗是整个黑白空间的一抹暖色，在有限的面积中为员工营造轻松的阅读与交流空间。丰富的玻璃隔断形成通透的空间，相互贯穿，模糊了空间属性，从而削弱小空间带来的局促感。

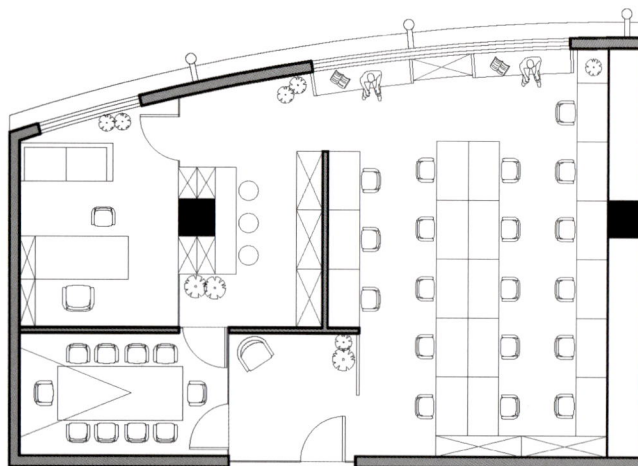

左：入口处
右1：点缀的绿植
右2、右3：丰富的玻璃隔断
右4：木质飘窗是空间的一抹亮色

in **too**

因途自动化科技有限公司

Meeting
Room.

03.

左、右1：黑白极简的设计语言

右2：办公室一角

Fuzhou Yimeijia Building Materials Co., Ltd.

福州宜美家建材公司办公空间

设计单位：林开新设计有限公司
设　　计：林开新
参与设计：胡晨媛
面　　积：186 m²
主要材料：仿古砖、蒙托漆、钢板、硬包、枫木
坐落地点：福州

人们对于办公室的想象常常由一个极具热情的接待台和接待区域开始，而福州宜美家的办公室迎接人们的却是白墙"灰瓦"以及一道没有扶手的楼梯。宜美家的主营业务是建材贸易，老板却常"不务正业"，周游多国，还是摄影发烧友，他对办公室设计的唯一要求是素雅安静，这令他与追求"和居美学"的设计师一拍即合。

为了营造一个干净简练又具亲和力的空间，将传统白墙灰瓦的灰白色调关系运用至空间中，搭配温润的木色。结构上采用似分非分，似合非合的趣味组合方式和传统建筑中的尺度关系，令观者体验空间游戏的乐趣。

挑高的入口门厅地面运用灰色仿古砖，原本白色的天花板表皮被铲掉，露出原有的混凝土表情，打砂方式使天花板既达到防尘的效果，又拥有特殊的细腻肌理。门厅中央两道白墙中间的细缝夹着一道窄窄的无扶手楼梯。这个看似冒险的设计实际上解决了屋顶建筑横梁带来的对阁楼人员流通的阻碍问题。楼梯在中间往两侧分开，在高高的白墙中间如同一道通往别处的装置，吸引观者登梯探访。通过白墙和天花间露出的微光，可以看到白墙并未真正与墙接合，且边缘用钢条镶嵌，展露出鲜明挺拔的体块形状。为了提升空间的立体感，门厅没有设置照明设备，唯有从远处墙壁的灯柱投来淡淡白光，宁静而放松。阁楼采用宫字格这种传统的文化图腾，如砖砌方式般丰富了空间的表情。为了保证安全性，宫字格格栅设定了足够的厚度，光线穿过厚厚的格子映射在高墙上，流溢出温馨的空间气质。

尽管面积不大，通过充分利用每个空间和合理规划动线，令各功能区域都得到有效地安排。吧台采用灰色人造石，酷味十足，壁柜内厨具应有尽有，可满足员工午餐、下午茶甚至举办小型聚会的需求。储藏室的过道如同洞窟般，由于面宽不大，采用了切割体块的方式，左侧的木板如同由整体木块切割移出，经由楼梯可抵达阁楼休息区。这种既分离又连结的空间某种程度上呈现出一种庄严的场域感，提供更多的体验尺度。延长的木板令门成为空白墙上的一道风景。

茶室两侧的墙壁采用麻布材料，营造出自然的氛围；定制的茶桌椅脚采用细钢组成的块体，轻盈现代，营造出悬浮的假象。为了保证巨大落地窗带来的景观视线不受阻碍，阁楼区域没有扩展到与玻璃的交接处，而是与玻璃之间有一段合理的距离。这种似分非分，似合非合可谓是特意制造的一种假象，柳暗花明又一村，颠覆常规的想象，生活本身就应该处处有惊喜，何乐而不为呢？

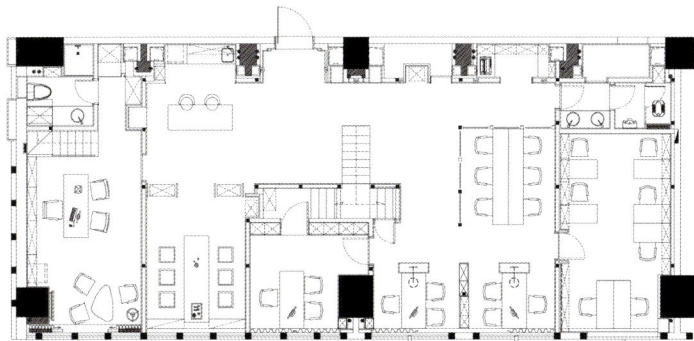

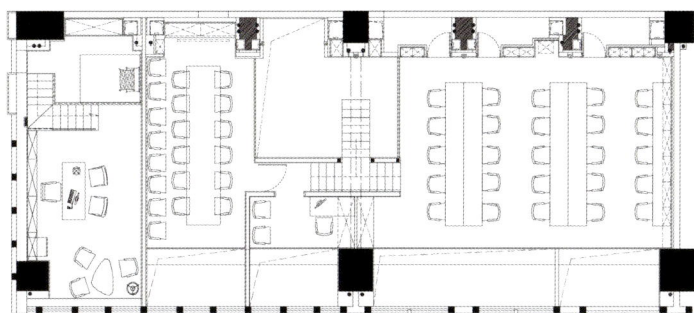

左：木色调带来温馨的空间气质
右1、右2：灰白色调的关系运用

左1、左3：窄窄的无扶手楼梯

左2：茶室墙壁采用麻布材料

右1：似合非合的组合方式

右2：优雅的光影效果

Milan International Space Design Firm

米澜国际空间设计事务所

设计单位：米澜国际空间设计事务所
设　　计：陈书义
参与设计：张显婷
面　　积：200 m²
主要材料：钢构、软木、超白玻、乳胶漆、仿水泥木地板
坐落地点：河南洛阳
完工时间：2015年10月
摄　　影：如初商业摄影

这是一个运用减法，去装饰化的颇具时尚气质的极简办公空间，线条、几何、多边形的交错碰撞使得空间有无限的张力和延续性。黑白灰主色调的简单过渡在"光塑"的作用下让光影和流动的人形成一种自然的优雅。选取白色作为主要色彩是因其对光的敏感性和影的再造可塑性，黑色的线条张弛有度、高低错落，强调了细腻情感节奏的变化。软木中的树皮自然肌理纹，让看似个性的空间增添了一些暖意。

空间的动线是一个自由的没有引导性的状态，员工之间的沟通没有距离感和视觉障碍。开放式中岛水吧很好地解决了会客接待和员工内部使用，提高了便捷性，增加了人与人之间的互动。方案陈述室兼会议室采用了15mm钢化超白玻，让视线得到无限度的解放，空间独立却又融于空间。会客区的绿竹和早晨的阳光交织出美丽的影画，重新定义空间的几何美感，片刻停留的光影关系，感悟自然给予空间的魅力，才是设计师应该追求的生活化、简洁化，这是令人感动的设计。

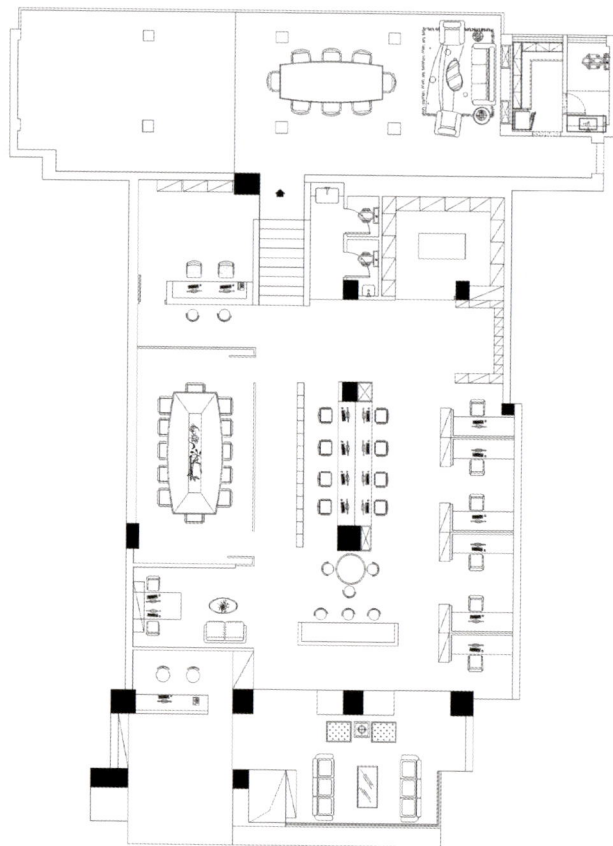

左：黑白灰色调的过渡
右：黑色线条张弛有度

左1：绿植和阳光交织出美丽的影画
左2、左3、左4：高低错落的黑色线条
右1：会议室
右2、右3：白色架子既可储物也可作为隔断

RIGI design office space

RIGI睿集设计办公空间

设计单位：RIGI睿集设计

设　　计：刘恺

面　　积：250 m²

主要材料：乳胶漆、毛毡、灰色地砖、木纹地胶、LED灯管

坐落地点：上海

摄　　影：文仲锐

RIGI 睿集设计是一个由青年新锐设计师组成的综合设计团队，设计作品从毫米到千米，跨越空间，从视觉延伸到产品，渐渐地形成了特有的理念和风格。RIGI的创始人刘恺感觉到需要一个合适的空间容器来容纳和传达 RIGI 的气质，这即是 RIGI 办公室改造项目的由来。好的空间是有情绪的，不繁复的，能和人产生关系的，最重要的还是对生活的理解，和对人的情感的真实流露。设计的本质是解决问题，从这点来说，设计一个纽扣和一座城市并没有区别。

办公室位于一个由服装厂改建的创意园区内，场所原本是一个摄影棚，比较方正，是一个矩形的单面采光的普通空间，唯一的优势是层高比较高。从功能需求上再三思考，最终决定需要容纳进开放办公区、独立办公区、产品实验室、会议室、材料室、还有一个小小的展厅。团队用不同的手法处理每个功能空间的层次，不同性格的空间穿插组成了一个既复杂又简单的办公室。

前厅一侧会议室的空间有 4 米高，比较狭长，并不理想，为了消除以往对会议室严肃紧张的固有印象，在顶部设计三角形的坡屋顶，而在会议室终端设计一道光从墙边蔓延出来，模糊了空间的界限，创造出特别的仪式感。愈是极简的空间，加上单一的材质选择，愈加需要注重层次和细节，墙面及踢脚的处理通过错落的阴影来表达体块之间的关系。会议桌的侧剖边刻意没有用白色包住，取而代之是打磨处理后完全呈现的材料原样，这也是一种表达单纯和坦诚的态度。

在公共办公区中将部分天花露明处理，以便提供开阔舒适的办公空间，部分天花

以体块造型穿插堆积的手法来进行具体的区域划分，错落的天花为空间融入节奏感。办公室大面积使用质地柔软的黑灰色毛毡，传达出亲近感，与黑白色调的墙面形成丰富的肌理层次。轻巧的书架作为隔断，加入适当的植物使办公环境更加轻松。办公室中营造了一个LKLAB，也就是LK实验室，是刘恺和设计师们动手制作模型和陈列心爱之物的场所。设计师们在这里讨论设计，开发产品，制作空间模型。刘恺喜欢在空间中融入一些视觉元素，设计的很多瓶子上印制的每一个数字和文字都有着自己的意义。作为空间设计师，尺度感很重要，于是在很多墙面和家具上都标注上了尺寸，通过不停地暗示来培养设计师们精准的尺度感。墙面的肌理、瓷砖、储物柜、花器、灯具、桌面的穿线孔等，都是一些最基础的几何形状，三角或是正方，简单纯粹的形体更具有力量。颜色会投射一种情绪，却又很难对这种情绪给出定义。办公室中运用了两个撞色，不是直接的红和蓝，而是通过降低饱和度放在一起的色彩组合，产生温暖的幸福感。–

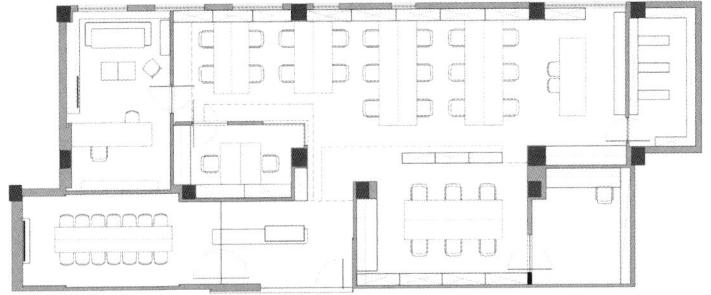

比起办公室本身，我们更加关注同事们进入这个空间，在这个空间里的故事，创造的设计，这些行为需求、体验以及主观感受所产生的思想碰撞，这就是RIGI一直追求的目标，做和人有关系的、有趣的、温暖的设计。这是RIGI的房间，容纳了我们的快乐，烦恼，一段时光，一段日子。

左：入口处
右：会议室顶部的三角形坡屋顶

SKETCH
WALL

FINANCE
DEPT.

SKETCH
WALL

左1、左2：加入适当的植物使环境轻松

左3、右1：体块造型的天花划分了区域

右2、右3：有趣的小物件

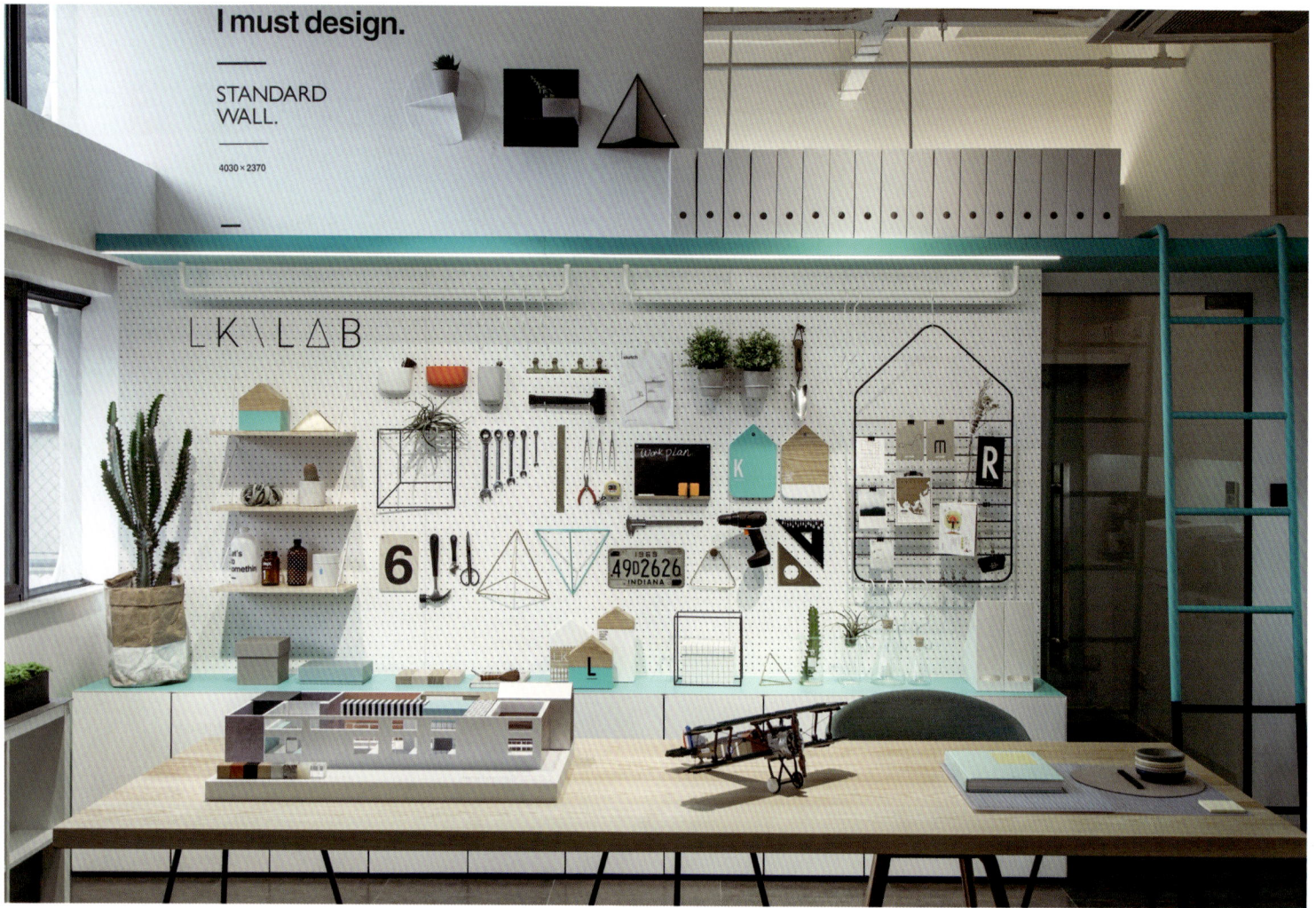

左1、左2：实验室是制作模型和陈列心爱之物的场所
右1、右2：墙面通过降低饱和度后组合在一起

Laiyuan Institute

来院

设计单位：南京名谷设计机构
设　计：潘冉
面　积：1000 m²
主要材料：钢板、砖瓦石、外墙泥灰、木板
坐落地点：南京
完工时间：2015年7月

位于城南中营的朴素古宅，与热闹的名号迥异，其实性格内向。与古城墙为邻百年，默然驻立巷口，于风雨飘摇之际被列为保护建筑得以修缮，北侧加建两栋仿古建筑共组三进式院落，入口古朴，尺度窄小，通过时低头，抬头时开朗，院内树木建筑交织映衬，和谐优雅。随机缘为名谷设计机构进驻。客观来说，仿古建造的第二进"来院"建筑基底并非优越。工艺的精准度、材料的运用不及古人的手工制作，加之缺少时间的冲刷洗练，与真迹并肩多少夹杂一丝尴尬。即便如此，它仍反映了当下这个时间空间内人们对传统最质朴的追念、渴望。

来，由远到近，由过去到现在，由传统到当代，"来院"由此得名，希望在传统的庭院里表达当代。来院的构筑初衷是无组织叠加，可以是一个冥想体验空间，亦或是一个书房，直到项目完成也没有植入任何功能，创作者每天伫立院内，给予原始空间多种状态的想象，一边感知，一边营造。此时的设计变身为一种商谈，一天天内心鏖战，为的是寻找最贴切的答案。

冥想空间半挑出旧屋基面与庭院交合，原始柱架交合透明围合介质，构筑成外向型封闭空间飘浮于山水之上。内部架构以子母序列构成，颜色对应深浅二系，左右各一间窄室与居中者主次对比，凹凸相映，格局规整，妙趣横生。古与新，内与外，明与暗，传统与现代皆交汇于此，冲撞对比，和谐共生。创作者只表达光和空间，封闭原始建筑除东南方向以外的所有光源，让光线在朝夕之间的自然变化中，通过交叠屋面，序列构架等物理构筑物将虚体光线实体化，而光影随着时间的变化产生不同的角度，空间变得让人感动。由"光"将空间呈现，并埋伏"暗"增强空间厚度，仿佛孪生双子，"光"与"暗"彼此勉励、彼此爱慕，又彼此憎恶，

彼此伤害。历经暗的挤压，光迸发出更强烈的力量引人深入。院内老井被设置成"地水"之源，通过圆形水器连接折线形水渠，将另一端屋檐下收集而来的"天水"汇聚一处，活水流动的路线围合出一池静态山水，将挑出旧屋基面的冥想空间托举而上，院内交通也由此展开，山水纯白，犹如反光板把落入院内的光线温和地送入室内顶棚。创作者在方寸之地步步投射出其二元对立的哲学思考，并企图透过这样的氛围来观察世界的真相。

设计一定是从功能开始的吗？在商业行为的催生下，越来越多的建筑被赋予功能标签，越来越多造型行为沦为一种对空间的单纯包装。胡适先生说过，"自"就是原来，"然"就是那样，"自然"其实就是客观世界。创作者固执地坚守着一方不存在商业行为的净地，从美学与环境本身开始建构，坚持院落本身的逻辑关系，不再对所谓瑕疵浓妆粉饰，功能一直处于一种不确定状态，不再追求均质照明，让光自主营造空间，交还空间表达主张的话语权。与商业决裂的瞬间无法言传处拨动心弦。不远处城墙仿佛蒙着淡淡暗影，带着一丝难以察觉的微笑，气质悲怆仍有渴望。

左1：院子里的山水
左2：叠加空间
右：体验空间

左1：院子里的茶席
左2：创作室一角
右：创作室交谈区

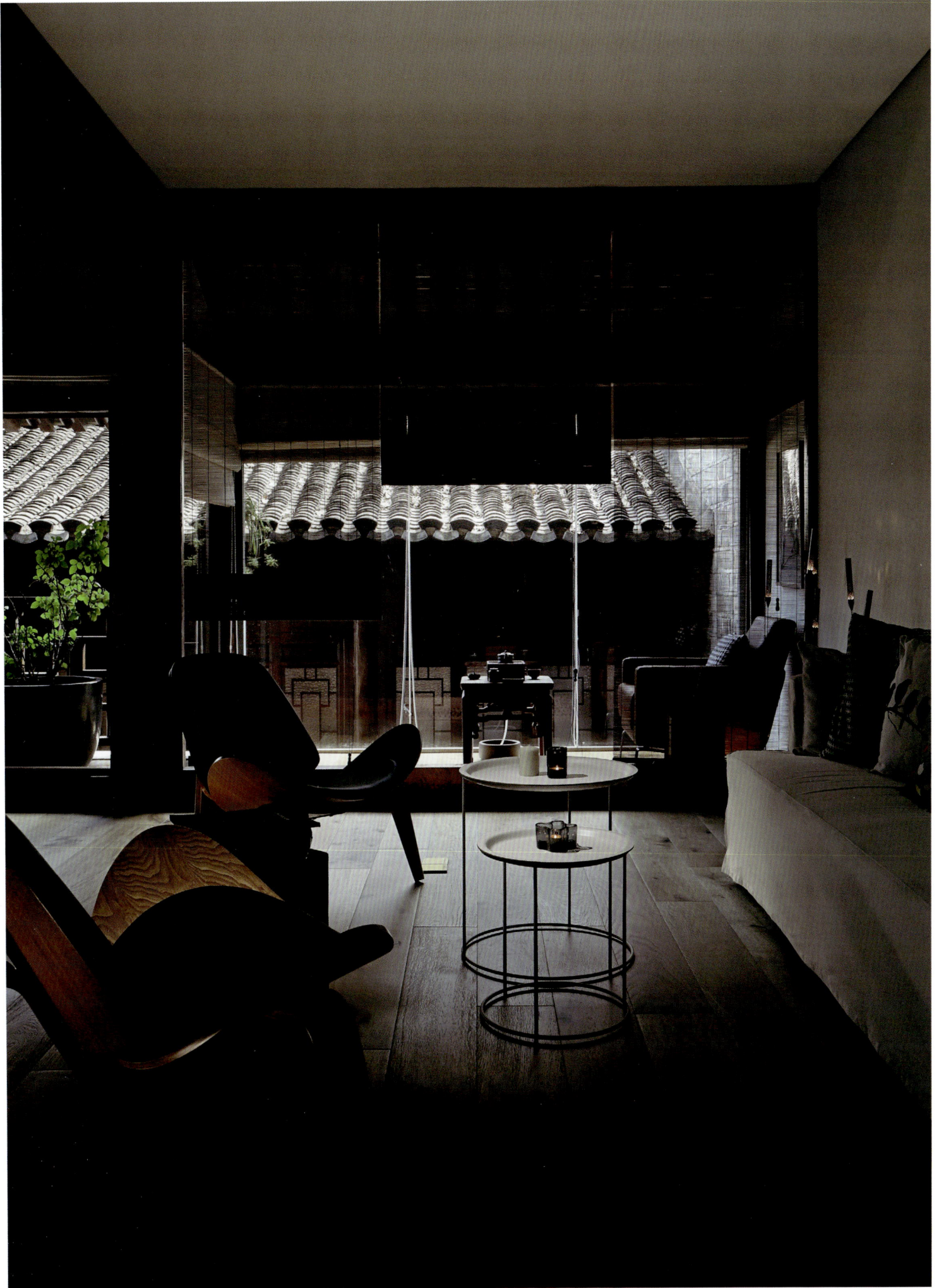

Treasure · Reflection

珍惜·省思

设计单位：山隐建筑室内装修设计有限公司
设　　计：何武贤
面　　积：180 m²
主要材料：进口瓷砖、扁铁、实木夹板
坐落地点：台北
摄　　影：李国民、高政全

四十年前的台湾梁柱之于室内空间，显然比现今的大楼优雅多了。为珍惜这个在都会已成弱势"族群"的老旧公寓，本案保有原来建筑的文化基底，用现代简洁的设计手法，融合岁月斑驳的痕迹和积累的文物，制作线性的薄板型家具及灯饰，用简单元素的组合构成，于空间中相互融合而不造成负担。在朴实低调的文化氛围里，展现具时尚且具现代感的设计精神。20世纪70年代的建筑框架加上当代的思维，我珍惜过去，也在省思未来。

大厅，灰阶的旧屋空盒子里，与铁构件的融合展现几何图形的现代美学。入口处为了具有通透感，采用玻璃矮门、钢索栏杆，虚化内外的区隔。厚铁板为防震加以橡胶踏阶，登上大门的前庭，水泥岛台内外一体。

垂纱、竹林，导引着夕阳画出柔和的光影。神似袋鼠的艺术品，仿佛自丛林中误闯入"山隐建筑"。冷峻的空间捎来一株绿，并非只为柔化空间，而是因它形似一个现代雕塑品，并与窗外的绿树相互呼应。在铁黑、泥灰的天花板上倒挂下轻、重型钢架，作为LED钢索灯攀藤的支架，依空间的需求呈现出随机能而变化的大型自制灯具。大跨距的钢构桌脚结合石英墙饰板材，与空间中的铁板、构架如出一辙而融为一体。自制会客桌构成简单的框架空间，超薄的桌面，只留下窗外倒映的绿光。吧台是小小的补给站空间，架上的饼干、糖果罐子层层置放，磨豆机磨出的咖啡香气，舒缓了工作压力。工作室保有老旧空间的氛围，结合收藏的书籍和文物，展现最具价值的资产。

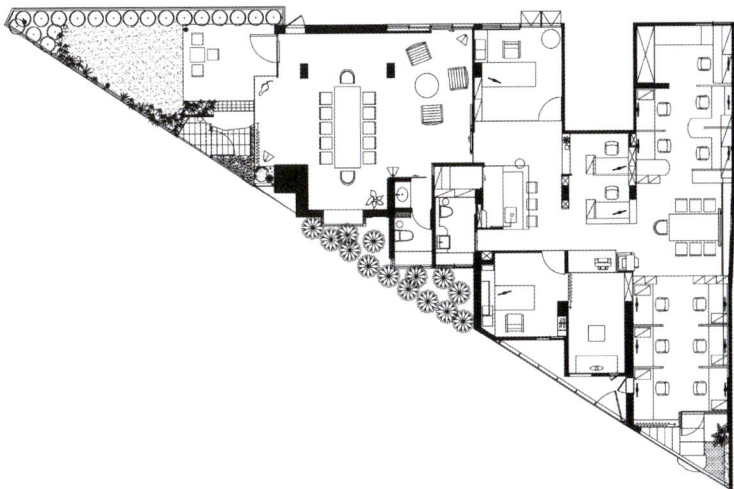

左1、左2：神似袋鼠的艺术品
右1、右2：与铁构件的融合展现几何图形的现代美学

左1、左2：自制会客桌构成简单的框架空间

右1、右2：垂纱和绿植画出柔和的光影

右3：天花板上倒挂下的自制灯具

Xupin Design Suzhou Branch

叙品设计苏州分公司

设计单位：苏州叙品设计装饰工程有限公司
设　　计：蒋国兴
面　　积：1000 m²
主要材料：蘑菇石、木条、空心砖、白色乳胶漆
坐落地点：江苏昆山

叙品诞生于一个美丽的冬天，在许多人看来，南方的冬天潮湿而灰暗；在我们看来，因为寒冷，才更要装扮出美丽的生活空间。

空间设计中，在色彩和布局上跳脱传统，独树一帜，一味堆砌白色元素，巧妙配合其他颜色，白得很有意境，构造了"此时无声胜有声"的氛围。借用传统园林设计中欲扬先抑的手法，低调的门、狭窄的走廊、隐蔽的入口，却在转身的一刹那豁然开朗，别有洞天。鹅卵石夹道，古风荡漾却清新怡人，走过长廊，尘世的烦恼也慢慢抛诸脑后。绿色象征着生命，白色象征优雅，从硬装到家具陈设，配色协调统一，体现对细节的完美追求，简洁纯净的主题贯穿整个案子。

办公室是从事脑力劳动的场所，员工的情绪、工作效率常常会受到来自环境的影响。而在叙品的这间新办公室中，轻松愉快的色彩、别致巧妙的创意，再加上空气中弥漫的茶香味，所有这些都可以让工作人员在放松的心情下完成工作，有利于提高工作效率。

左：玄关
右1：前台
右2：接待区

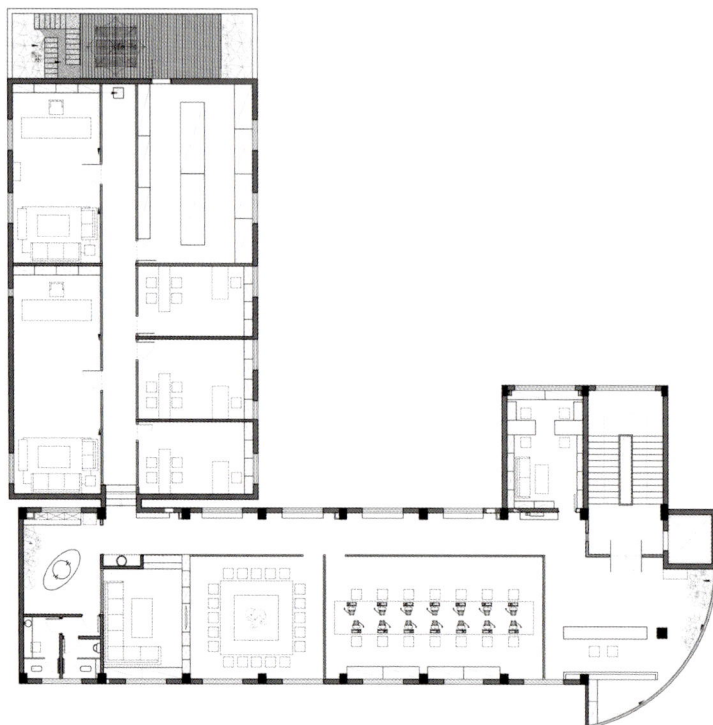

左1：过道
左2：会议室
右1、右2：古朴的空间

WORK CAFÉ, Nanjing West Road, Shanghai

上海南京西路WORK CAFE

设计单位：蒙泰室内设计咨询（上海）有限公司
设　　计：王心宴
面　　积：600 m²
主要材料：藤编吊篮椅、造型吊灯、咬链吊桌、金属框吧椅
坐落地点：上海
完工时间：2015年11月
摄　　影：张伟豪、Mzstudios工作室

WORKCAFE 位于繁华南京西路购物中心三层，600 平方米的空间，分为咖啡店、酒吧、会议室、独立办公，为商务人士提供了一个"能谈事儿"的舒适空间，介于办公室和酒店行政酒廊之间的空间，打造新兴移动办公商务咖啡体验店概念。

为了满足商务工作环境的需求，我们在平面布局上更注重空间的灵活性和私密性，凸显移动办公新体验。"每个空间都有它特殊的 IP，workcafe 也是聚集一定品味和身份特征的群体。"业主找来设计师经过反复讨论，才定位其特殊性。

空间分为 5 个区域，有以纽约曼哈顿中央公园为灵感的吧台区，可以享受午后阳光的软榻隔间，适合一人办公的专属办公室，可举办会议和 Party 的长桌区域。其中，悬挂的四组长桌还能自由升降，满足各种活动与办公需求。色调上选择灰褐色，浅咖啡等中性色系，空间切割上也清楚分出用餐、会议、办公等多个功能区。软装搭配上则以明快的色彩和质感材质将客户带入一个愉快轻松的环境中去。

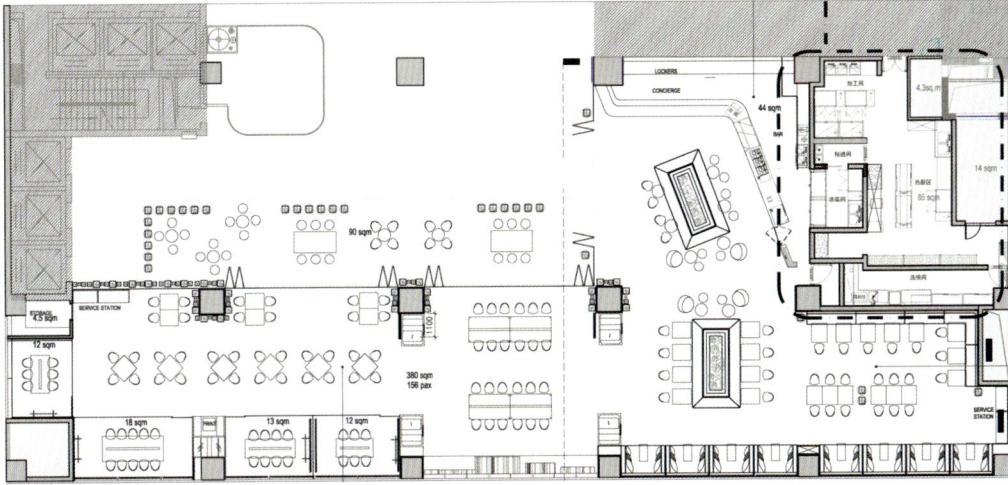

左1：轻松的吊椅
左2：轻薄的纱帘搭配黄色系靠垫
右1～右3：木质长桌搭配金属框架吧椅

Altavia Huadaojia Advertising Co., Ltd. Shanghai Office

Altavia华道佳广告有限公司上海办公室

设计单位：纳索建筑室内设计事务所
设　　计：方钦正
参与设计：王智军
面　　积：1530 m²
主要材料：混凝土、多层板、回收木地板、钢结构
坐落地点：上海
完工时间：2015年11月
摄　　影：申强

受欧洲领先的出版服务供应商 Altavia 委托，我们为其进行新的办公室设计。办公室位于昔日的橡胶制品研究所，建筑兴建于 20 世纪 60 年代，空间已在岁月之中自然折旧，而所有的寂寞只是在告诉后来的人们，一个时代已经过去。想要这一切辉煌重来，就必须赋予其生命力，一种对于历史的珍惜与热情，一种改变。

斑驳的痕迹有其必要性，它彰显了岁月的情感和记忆。所以在设计过程中保留并展示了老建筑原始的预制板顶面结构，顶面以下新建的部分则大量运用基本几何形态，纯白色墙面作为主体，Altavia 的五种品牌色彩在各自的空间游弋作为点缀，沉重与轻盈，粗犷与细腻，对比诉说着新的故事。

周遭许多的办公场所都是重复的格子，一种西方秩序法则所带来的陌生与冷漠，像潮水般漫过了越盖越高的办公大楼。设计师使用开放的曲线形桌面，这种无形的洄游流动感使得创意在空间中得以涌动与表达。同时，空间中合适的地方被安插进规整的立方体盒子，围合出一个个或悬浮或嵌入的创意、会议及走道空间。

几何式的设计审美相比起其他的乖张不羁，确实有些美得理性内敛。那又如何，只要它是一个让人心生愉悦的现代空间，这就够了。

左：玻璃盒子
右1：休息区
右2：走道中的灰色盒子
右3：室内阳光充足

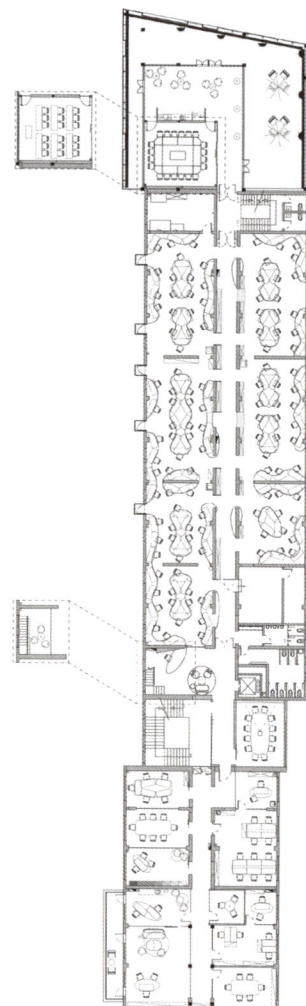

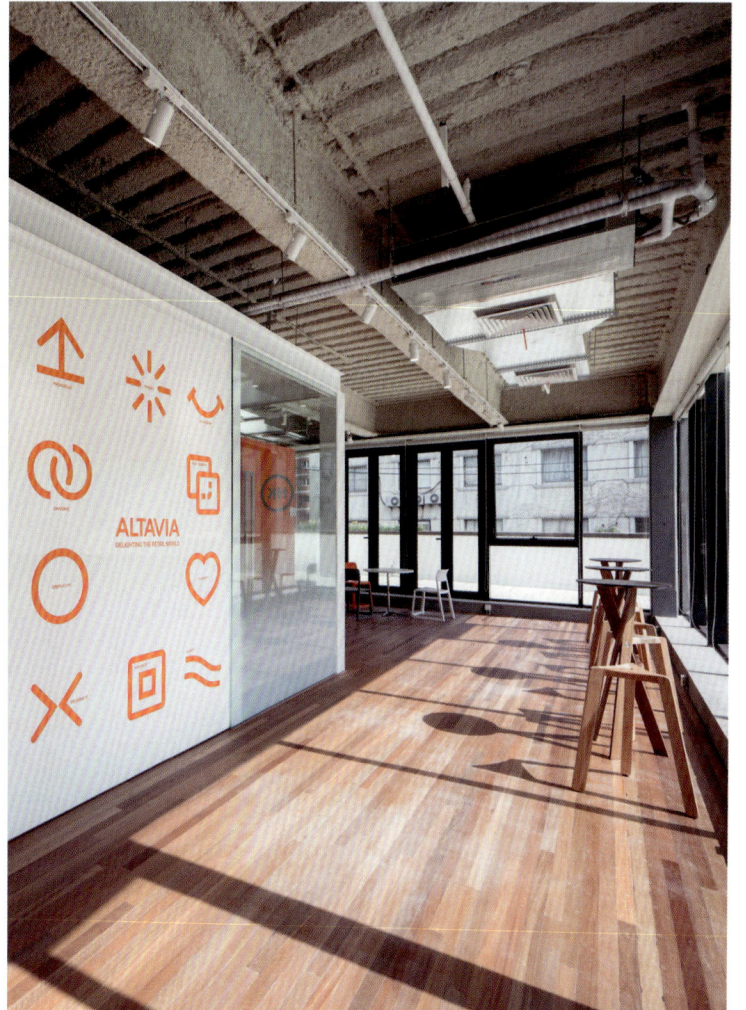

左1—左3：品牌色彩在各自的空间游弋

右1：绿色楼梯

右2：空间中大量运用基本几何形态

右3：白色卫生间

右4：红色盒子

Guanghua Road SOHO 3Q

光华路SOHO 3Q

设计单位：恺慕建筑

设　　计：Wendy Saunders、Vincent de Graaf、于正鹏、
　　　　　German Roig、Byungmin Jeon、Liat Goldman、
　　　　　朱彦文、Bertil Dongker, Alex Fripp、张志坤

面　　积：33874 m²

坐落地点：北京

完工时间：2015年12月

摄　　影：阴杰

在生活方式多元化和工作追求高效快捷的今天，"朝九晚五＋格子间"的工作模式不再是都市标配。各种极具创意的工作坊和灵活多变的工作空间应运而生，AIM 为 SOHO 打造的最新 3Q 共享办公空间就以摩登现代又极富创意的设计理念率先为"潮流办公间变革"提供了一个教科书式的范例。SOHO 3Q 以"微"租办公间和共享公共空间的创意来实现办公灵活性和空间资源优化。公司可以单间或独立桌为单位租赁办公间，同时与其他公司分享会议设施和报告厅等。这个全球最大的共享创意空间，由 AIM 为 SOHO 3Q 重新诠释。

为强调现代简约风在设计里融入颜色斑斓、充满活力的元素，在每个超大的空间灵动注入不同风格和功能来巧妙地分划区域。3Q 作为现代简约灵活的办公间代表，最初是一个占地面积约 2.5 万平方米的购物中心，最大的挑战就是如何在原建筑布局上大翻身，呈现一个与购物中心风格南辕北辙的共享办公间。最后决定善用空间，将商场过道巧妙布局为 work station lab，把原有的商铺空间改建为让租客悠闲放松的咖啡馆和开放式茶水间。大胆采用橡木楼梯的设计，"倾泻而下"的橡木楼梯间将中庭一层打造成一个开放的报告厅，不单为租客提供开会讨论的好地方，超大懒人橡木楼梯间更为自拍"拗造型"提供了绝佳之选。

另外一个中庭选择了"公园会议室"的设计概念，以清新竹节和透明玻璃为主要材质营造出靠近大自然的私密会晤空间，以"人本主义"最合理的方式平衡了专业高效工作和乐享休闲时光的生命主题。更为匠心独运的是办公间的共享模式"打通"了一条行业社交和创意分享的通道，构建了一个资源共享的交流平台。在这里，也许一杯咖啡的时间，你可以了解一个行业最新的资讯和脉动。

在空间分区方面以繁华摩登的国际大都市元素抽象成缤纷色彩，浓缩"绽放"在墙壁或地板上。以色彩来区分行业分公司，地下一层以文创等新兴品牌为主，楼上二层以金融地产等传统行业为先，精巧构思的设计语言巧妙地让租客更容易识辨位置。此外，运用布局风格变换办公间功能，活力满满，将 3Q 办公间的前卫设计和实用功能完美融合。

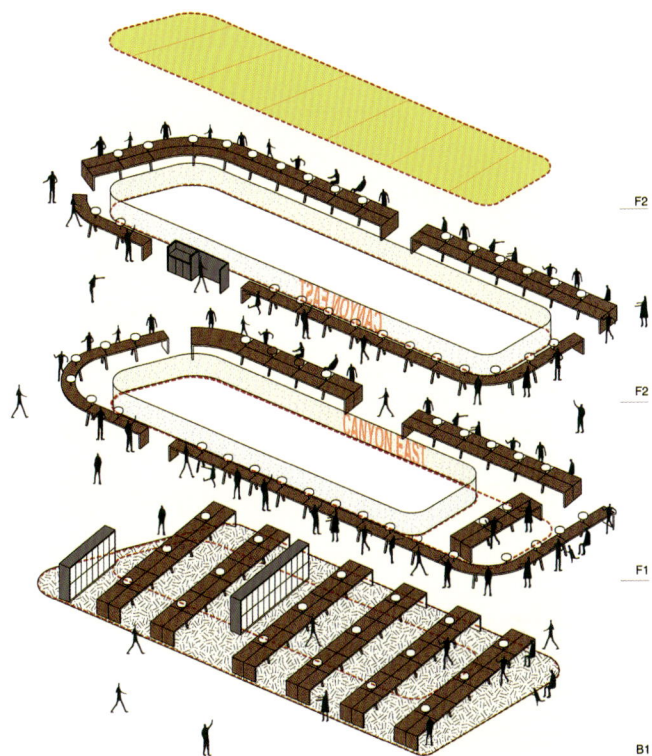

F2
F2
F1
B1

左1、左2：整体空间
右：橡木楼梯将中庭一层打造成一个开放的报告厅

左：色彩丰富的座椅
右1：资源共享的交流平台
右2、右3：空间局部

Temporary Office Building of Atelier Z+, Westbund

致正建筑工作室

设计单位：致正建筑工作室
设　　计：张斌、周蔚
合作设计：同济大学建筑设计研究院（集团）有限公司
面　　积：380.74 m²
坐落地点：上海
摄　　影：页景

上海西岸文化艺术示范区紧邻西岸艺术中心主场馆，是利用城市土地再开发的闲置窗口期建设的一个为期五年的城市空间临时填充项目，并邀请了多家建筑、设计和艺术机构入驻。致正建筑工作室新办公楼就位于这一临时艺术园区的中心位置，场地原为一处停车场。设计中的思考集中体现在如何在临时性语境下达成建造与空间品质的最大化。首先是如何选择合适的建造体系，以期在控制造价和工期的前提下达成空间使用的最大舒适性与便利性。同时如何在空间布局上充分回应场地的特性和潜力，以营造有启发性和自由感的氛围，也是基本的诉求。所有这些，都在试图体现一种不完美中的自在状态。

在整体布局上经历了一个比较大的调整过程。原方案是一个L形布局的两层建筑，其东南、东北、西北三个角分别被大树所限定，西南向是一个庭院；建筑底层是接待、展示、会议、模型制作等空间，二层是办公空间。最终实施方案是一个U形布局的合院建筑，与西侧邻居围合成一个植有两棵大树的内庭院；东南角由于一棵大柳树，建筑内凹形成一个开放的入口前庭；西北角是与邻居共用的封闭后庭。这三个对角线方向布置的庭院都与场地上原有的树木相关，使建筑牢牢地锚固在场地上，新的布局方式使空间和体量的尺度更宜人。

在最初方案中就将混合建造体系作为回应设计条件的最佳选择，其基本思路是：作为辅助功能使用的底层部分用砖混结构建造，直至二层窗台高度，形成一个砖混结构的基座平台；二层作为主体空间使用龙骨状的轻质结构建造。这样的混合体系具备如下优点：首先，底层砖混结构和上部轻质结构可以发挥各自在建造上的长处，减低建造难度，以利快速建造；其二，二元并置的结构体系也可以对各

自所属的空间特性做出有针对性的回应，特别是办公部分，龙骨状的轻质结构可以把结构构件的尺度控制得最小，让结构参与空间的尺度塑造，进而让空间能够包裹住其中的身体，让身体沉浸其中。

砖混和轻钢的混合结构自然而然带来了材料上的直接并置。轻钢部分的复合外墙与屋顶的面板都是银灰本色的波形镀铝锌板，外墙与屋面的内表面分别是石膏板衬板和瓦楞钢板底板，都施以白色涂料。而砖混部分的砖墙、圈梁与构造柱的粗犷痕迹全部最大限度加以保留，并用不同工艺的罩面涂层全部施以白色。在相对统一的色调中，轻钢系统的工业化精细肌理与砖混系统的手工感粗野肌理的并置都可以被清晰地阅读，这种空间界面的双调性重奏有利于自然轻松的空间氛围的塑造。

坡屋顶成为从方案最初就坚持的不二选择。除了技术上的防水可靠性与便利性之外，坡屋顶在空间尺度控制上的潜力也是关键因素。大工作室屋脊处在中柱斜撑范围内开了一条天窗采光带，与室内的座椅布置和西山墙的整墙书架相呼应，形成温暖明亮、柔和细腻的空间氛围，阴晴雨雪的天气变化在室内会留下光影与声音的痕迹。白色顶棚在抽象中提供了一种具体的肌理作为尺度参照，连同所有长窗背后露明的细柱，这些构件具有一种含糊的暧昧性，它们既相对清晰地呈现为建造方式的物质线索，又与室内家具陈设等尺度的物件一起参与空间与身体的关联性塑造。由此，建筑的结构体并非一种对象化的存在，而是消融在包裹身体的具体空间之中。这样的空间在保持日常性尺度的同时，又启发了身体的自由感。

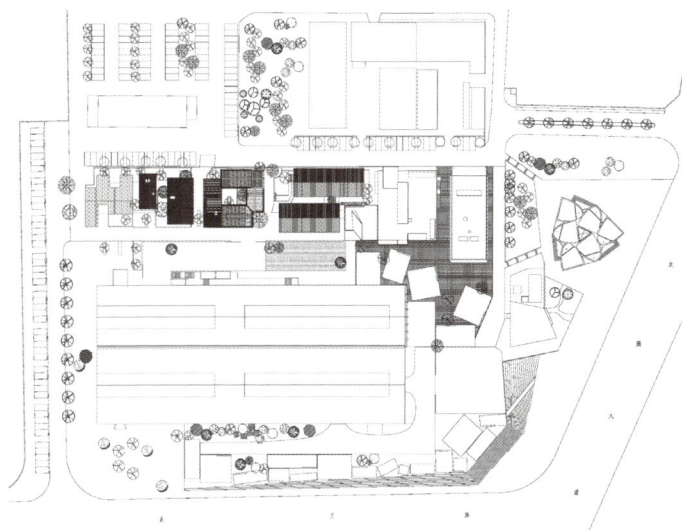

左：室外风景
右：门厅处的展厅

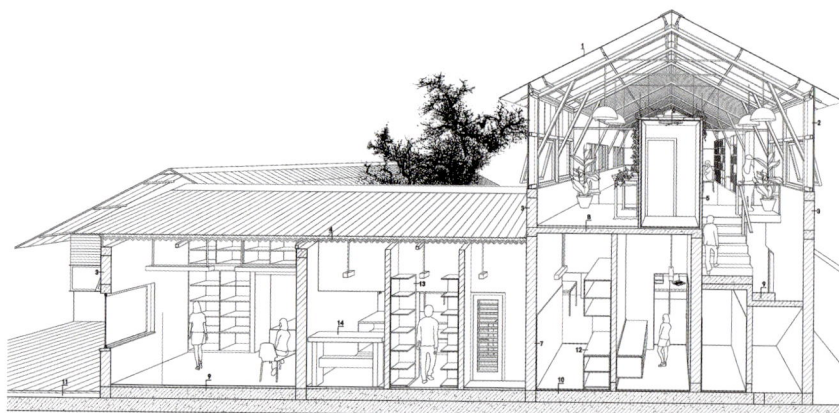

左1：室外部分
左2：会议室
右1：大工作室
右2：花房
右3：书房

TM Studio westbund

梓耘斋西岸工作室

设计单位：童明设计工作室
设　　计：童明、黄潇颖、朱静宜
面　　积：180 m²
坐落地点：上海

一座建筑如果只是孤立的、内部的思维方式，那么它与外界的衔接将会极其脆弱，大部分建筑设计则是从如何可以合理使用开始的。有关功能性的故事或者社会性的话题是相对容易的，但随后在成形过程中的思考，才是建筑学真正的开始，也就是说，建筑师要有能力将复杂的问题逐渐消化，通过有机的结构关系，搭建或者支撑多元化的生长过程。

在西岸工作室的项目中，梓耘斋工作室是最后一个加入的。在此之前，大舍、致正、高目已经就这块狭长地块如何划分，以及在五年短暂使用期限内如何使用等问题进行了多方面的考虑。所得出的结论就是，采用轻钢加砖混的混合结构方式，多快好省地进行建造。于是，半预制化的镀锌钢材、U型钢板、发泡保温层等结构与材料就成为了一种建造前提，而每一个事务所未来的使用状态以及由此而来的建筑形式则会从设计过程中获取出来。

最终建造基地被确定在致正与大舍之间的一个宽6m，长18m的狭长形南北向地块中。为了给北部庭院及致正工作室的二层空间留下足够的日照间距，梓耘斋工作室局部二层的建筑体形就此成为了南高北低的效果。由此，再加上与其他三个邻居已经确定下来的双坡顶的体量关系和内部结构，一座建筑的大致景象由此确定。

由于在短期之内，梓耘斋工作室尚不能完全搬迁到此，因此有关功能布局的构想就成为了一种不够确定，或者两者兼顾的问题。这样一个小小的空间既要能够满足常规性的办公需求，又能容纳一定的交流活动，既能够举办一些专业展览，也能开展一些小型讲座，而整个建筑面积只是控制在约180平方米。由此所导致

左1、左3：建筑外立面
左2：模型
右1、右2：空间既能满足办公需求，又能容纳一些交流活动

的考虑就是，主用空间尽可能完整通畅，混合而不加分隔；辅用空间则尽量进行压缩，列布于主用空间的两侧。结果就是楼梯、厕所、配电间与储藏、搁架这些大小不一的模块共同形成了斜向梯度的布局，中央的主用空间在中段得到收缩，形成双向喇叭口的格局，并在东西两侧通达次用出入口。

在剖面视角中，为了实现轻质大跨度的结构效果，二层楼板采用三角桁架形式，但与常规方式颠倒一下，三角朝下，平面朝上，以形成二层楼面的平面效果。倒向的三角形桁架与地面坡度相互配合形成收缩，恰好将通长空间在纵向维度上进行了一定的视线分隔，而中部的抬高部位也能减少楼梯的登高高度，缩小了楼梯面积。通过结合这样一种根据未来使用情况的想象，概念中的操作图示逐步凝结，空间概念与功能模式之间的磨合最终达成，各种大小模块之间与完整的空间感受更具有协调性，从而为功能布局带来更多的结构姿态。

斋藤公男将建筑视为由多重线索编织而成的编织物，技术是延续着编织漫长历史的经线，而时代的要求和个人感性的意象则构成了纬线，一个稳定一个灵动，两者交织成就出亮丽的织布，那就是建筑。本质而言，由于没有常规项目中的那种外界因素，梓耘斋西岸工作室的建筑设计就是一场在功能与结构之间关系的纯粹思考，从简单的原型结构中逐步繁衍出适用于功能状态的多层次变化，所凝结出来的结果则反映于剖面图示中的空间表达之中。这种灵活性与适应性可以使得建筑设计变得生动有趣，因为它可以把一种明确的结构性原型与潜在的多样性事件组织到一起。

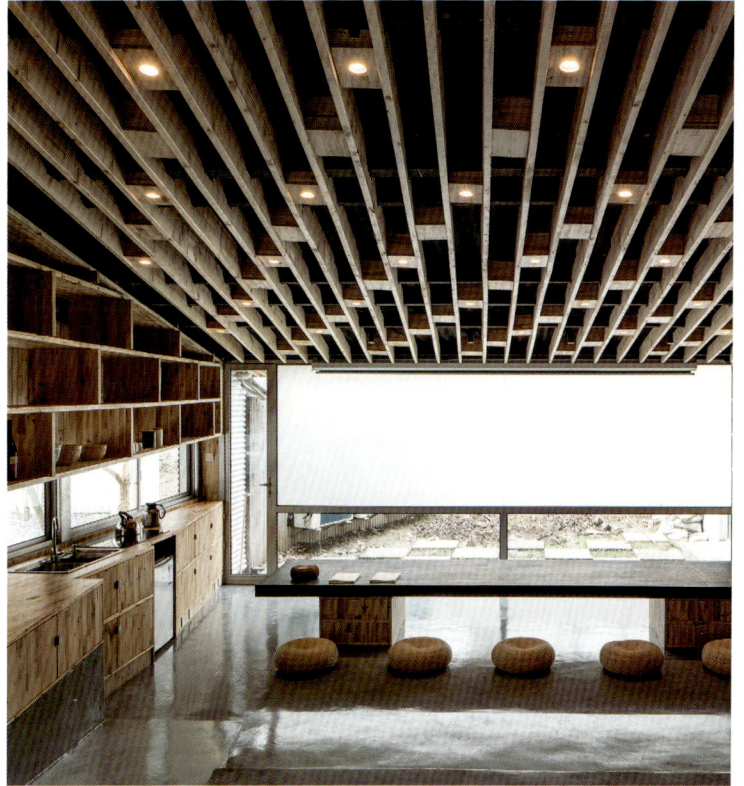

Jinglong Real Estate Office Building

景隆地产办公楼

设计单位：杭州典尚建筑装饰设计有限公司
设　　计：陈耀光
面　　积：2000 m²
主要材料：天然石材、木饰面、织物软包、涂料
坐落地点：浙江台州

小空间尺度，也可以建立建筑感，它，取决于你是否拥有对体量的敏感，对空间中逻辑关系的把控度；让呼吸的感受不仅仅停留在空气中，能让视觉也产生氧气。

本案位于浙江台州，浙江景隆置业总部办公楼。整个空间由接待大厅、休息区、办公区、会议室等组成，现代、与众不同、精致为整个办公空间的设计方向，为景隆地产打造用心聆听的空间。

左：灰色调的空间
右：体块的组合

左1：简约的空间
左2、左3：通透的玻璃使视觉通畅
右1、右2：现代精致的设计风格

Boundless

无界

设计单位：登胜空间设计
设　　计：陶胜
参与设计：徐青华、蔡辉
面　　积：350 m²
主要材料：钢架、瓷砖、钢化玻璃、红橡饰面板
坐落地点：南京
完工时间：2016年4月
摄　　影：郑雷

南京苏宁慧谷中心CBD项目位于南京河西新区江东商业板块，毗邻长江，由五栋不同朝向的现代化高层写字楼组合而成。本案更是位于CBD一号楼的最顶层，具有得天独厚的开阔视野，向南可展望新城全貌，向西则一线江景尽收眼底。

项目的优势不言而喻，但并非完美无缺。首先，本案由三套独立的loft户型打通合并而成，其中两套为50平方米，一套75平方米。单层建筑面积175平方米，loft户型最大的卖点是一层两用，业主可以轻松得到350平方米。高层写字楼得房率一般在60%～68%，折中一算，最多只有225平方米左右，对比业主提出的众多功能要求，依然有点捉襟见肘。其次，打通之后的平面轮廓成一个"L"形，并且公司的入口在"L"形的"尾巴"上，且不可更改。加上进门空间聚集的结构柱和排污管等，琐碎的局促感由然而生，企业形象也很难得到最佳展现。

既然无法方正，设计师索性另辟蹊径，对整个空间来了一场大刀阔斧的"切割"，将突兀、拐角空间全部"化零为整"。从前台开始，你可能看不到一面方正的墙体，取而代之的是各种不规则的线面穿插，大量透明玻璃和木饰面材质。玻璃既划分了空间功能，也弥补了空间面积紧凑的问题，空间得到有效拉升和扩容。不规则切面设计有引导人们视线转移的特性，这样很好地处理了视觉上的冲突，甚至延伸了人们的视野，将办公室内外很好地串联起来。

楼梯是Loft户型的一个重要组成部分，往往也是整个空间的点睛之笔。这里楼梯以"V"形呈现，看似不合常理，但却很好地配合了整个空间的不规则布局，显得扎实有力。两侧再配合透明玻璃后，形成一个狭长的带拐角空间，这样，一层、二层被更紧密地联系起来，行走上面给人一种独特的穿越感。上到二楼，这样的"切割"也是无处不在，设计师的"将错就错"却达到了"负负得正"的效果。

楼上楼下游走一圈，整个空间有分割无封闭，有界限不隔断，似有非有，似无非无。如此高度，忙时低头伏案，闲时看江船入湾，轻松惬意。

右1：接待台
右2：会议室
右3：木饰点缀着空间

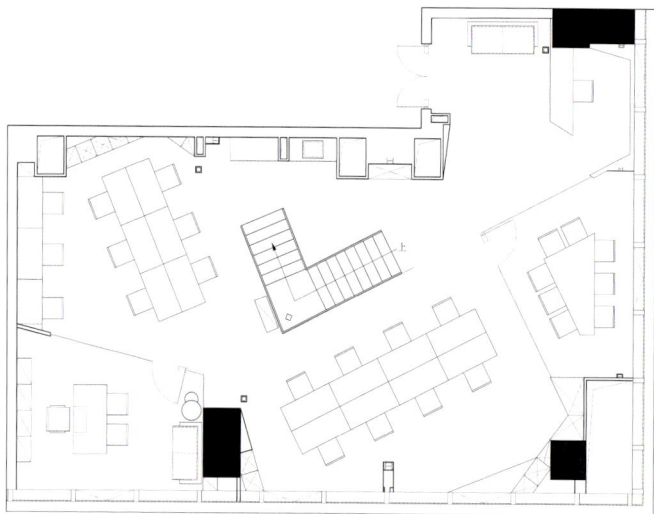

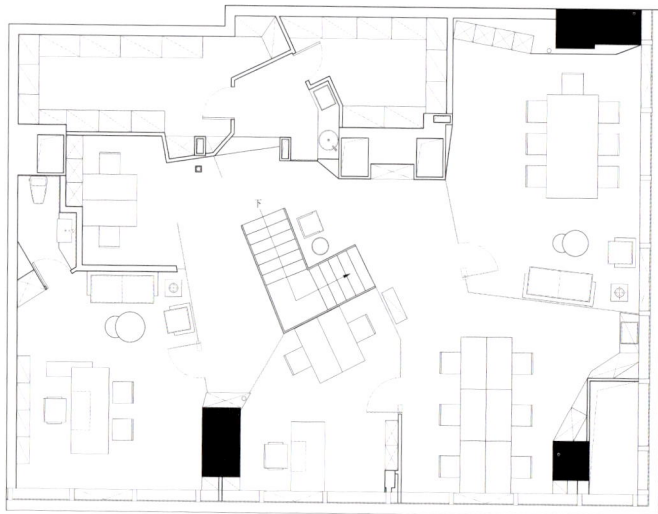

左1—左3：透明玻璃弥补了面积紧凑的问题
右1：楼梯处形成狭长的带拐角空间
右2：走道
右3：玻璃划分着功能空间

Midea Real Estate Headquarters

美的地产总部

设计单位：广州共生形态设计集团
设　　计：彭征
参与设计：彭征、练远朝
面　　积：1270 m²
主要材料：大理石、人造石、铝单板、地毯、木饰面、渐变玻璃、烤漆玻璃
坐落地点：广东佛山
完工时间：2016年3月

源自世界品牌500强，美的地产集团是美的控股下属的重要成员企业，是一家以房地产开发为主，涉足高端住宅、精品写字楼、五星级酒店、物业管理、高尔夫球场、建筑施工等领域的综合性现代化企业。美的地产倡导人与城市、人与自然的和谐共生，为人类创造美好的居住空间。因此在空间设计策略里融入了开放、和谐、务实、创新的美的精神，充分展现美的地产的企业形象。

办公空间整体以开放的姿态呈现，由接待区、办公区、会议培训区和总裁办公区四个区域组成。

接待区的设计尽可能地将空间跨度往两侧延伸，大型液晶拼屏作为一侧的端景，滚动播放企业宣传视频，同时也是接待区与办公区的空间隔断；暖灰大理石和大尺度铝板体现出大气、精致的空间气质；水景的融入烘托出宁静致远的气氛，结合开放通透的洽谈室，让视线可以心旷神怡地延伸至远方，传达出人与城市、人与自然和谐共生的品牌理念。

办公区可容纳70人办公，利用渐变玻璃作半围合隔断，在形成独立总监办公区的同时，还能让所有员工享受窗外风景。白色与浅灰的办公家具搭配跳跃的拼色地毯，营造严谨而活泼的办公氛围。在连接办公区与接待区的一侧，设有茶水区，配备多组桌椅，并拥有开扬的180度景观视野，员工们可以在这里自由交流，享受工作，随着视线往城市天际的推移，心境也将随之改变。

整体办公空间配备了四间会议室，分别为大会议室、小会议室、培训室和总裁会议室，并辅助设有多个洽谈室。会议空间是产生交流、碰撞思想的平台，因此空间设计做了减法，采用极简的风格，多媒体设备配合大面积的绘写玻璃墙面，纯净与极简的空间承载的是思想的浩瀚与无限。

左、右：前台

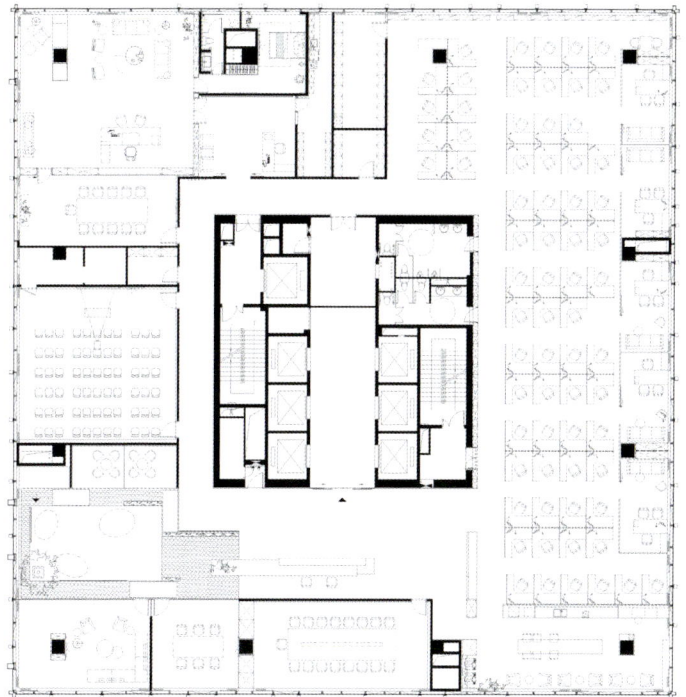

左1、右1：会客厅
左2、右2：办公区
左3、右3：茶水间

Xihu Banquet

宴西湖

设计单位：内建筑设计事务所
面　　积：500 m²
主要材料：亚克力、镜面不锈钢、钢板
坐落地点：杭州
完工时间：2015.12
摄　　影：陈乙

餐厅隐于黄龙饭店一隅，以"西湖"为设计主线。黑色的钢板自动门缓缓开启，发光亚克力点亮长长的走道，就此展开一卷"西湖"水墨画。设计沿走道以 Z 形规划空间，纵向走道右侧是厨房区域，左侧则为主要就餐区。

黑色钢板与发光亚克力建立起空间的分割关系，隔而不断，恰似立于堤上看到隐隐的远山。整个顶面覆以镜面不锈钢，微波起伏延绵，与墙壁镜面相互呼应，行走其间，仿佛置身水光沴滟的湖上。发光亚克力上墨色晕开，凝于宣纸，主就餐区 LED 大屏墙面西湖美景摄于一瞬，影像曳动，亦动亦静间，将自然景观融入室内，为黑色主调的空间注入了生气。

地板延伸而出，与一段矮矮的植物墙围出半户外的露台区域，隔着玻璃，与室内播放着的西湖景致遥遥相应，适合闲散的午后。

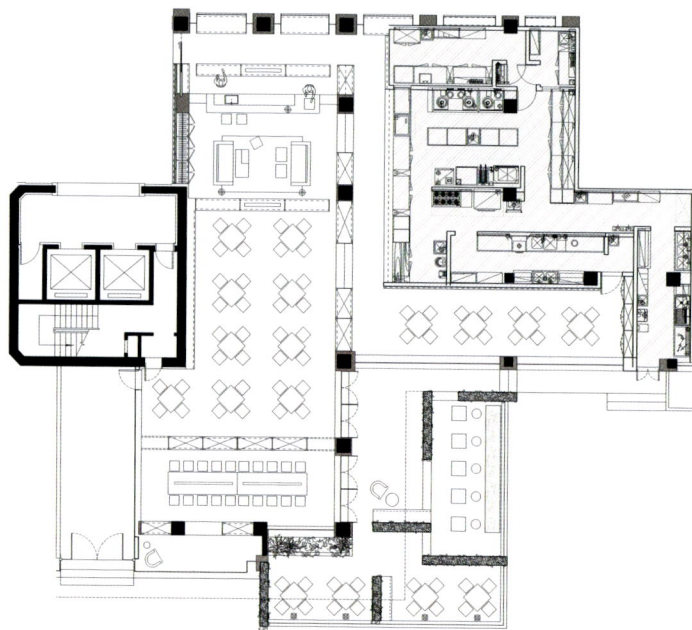

左1：等候区
左2：走道
右1：进门过道
右2：餐区

左1：餐区
左2：主餐区
右1：主餐区
右2：餐区
右3：户外

Chongqing Jianzhang Old Hotpot

重庆见涨老火锅

设计单位：重庆年代营创室内设计有限公司

设　　计：赖旭东

参与设计：巫仕全、熊亮

面　　积：1380 m²

主要材料：硬木板、芝麻黑亚光台面、石材

坐落地点：重庆

完工时间：2015年11月

摄　　影：黎光波

作为一家设计师自己开的火锅店，设计师赖旭东希望运用多年设计经验，打造一个用餐环境讲究的火锅店，让重庆人能在一个高雅舒适的环境里享受到正宗的重庆老火锅。

进门大厅，设计师做了一个水景设计，上方悬吊许多铁链，做成一个山形倒影，铁链里运用LED射灯不均匀布点，打造出忽明忽暗铁链被烧红的感觉，一改传统火锅符号化。整个空间本是一间地下室，设计师巧妙采用玻璃天井方式，将整个空间分隔三部分，不仅在功能上逐层削弱了整个大厅的嘈杂氛围，视觉上，在玻璃天井中运用模拟自然光，使用绿竹、苔藓、落叶营造出日式"枯山水"景观，寓情于景，将意境穿透到用餐的场景中。包房设计也颇具巧思，包房之间设有玻璃天井，可相互借景。

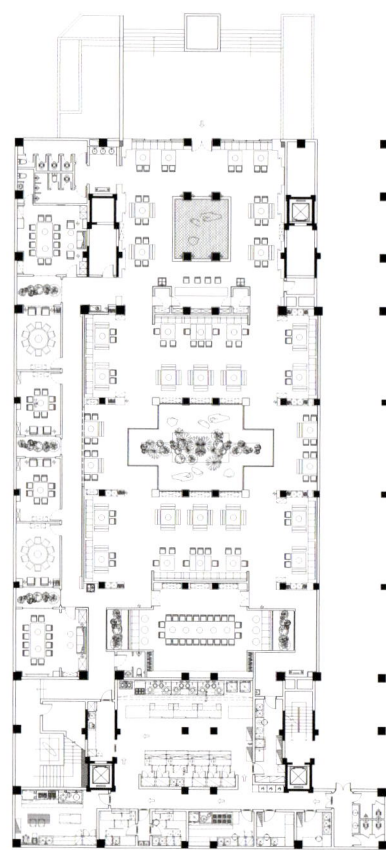

左：门店外立面

右1：山形倒影水景设计

右2：收银台

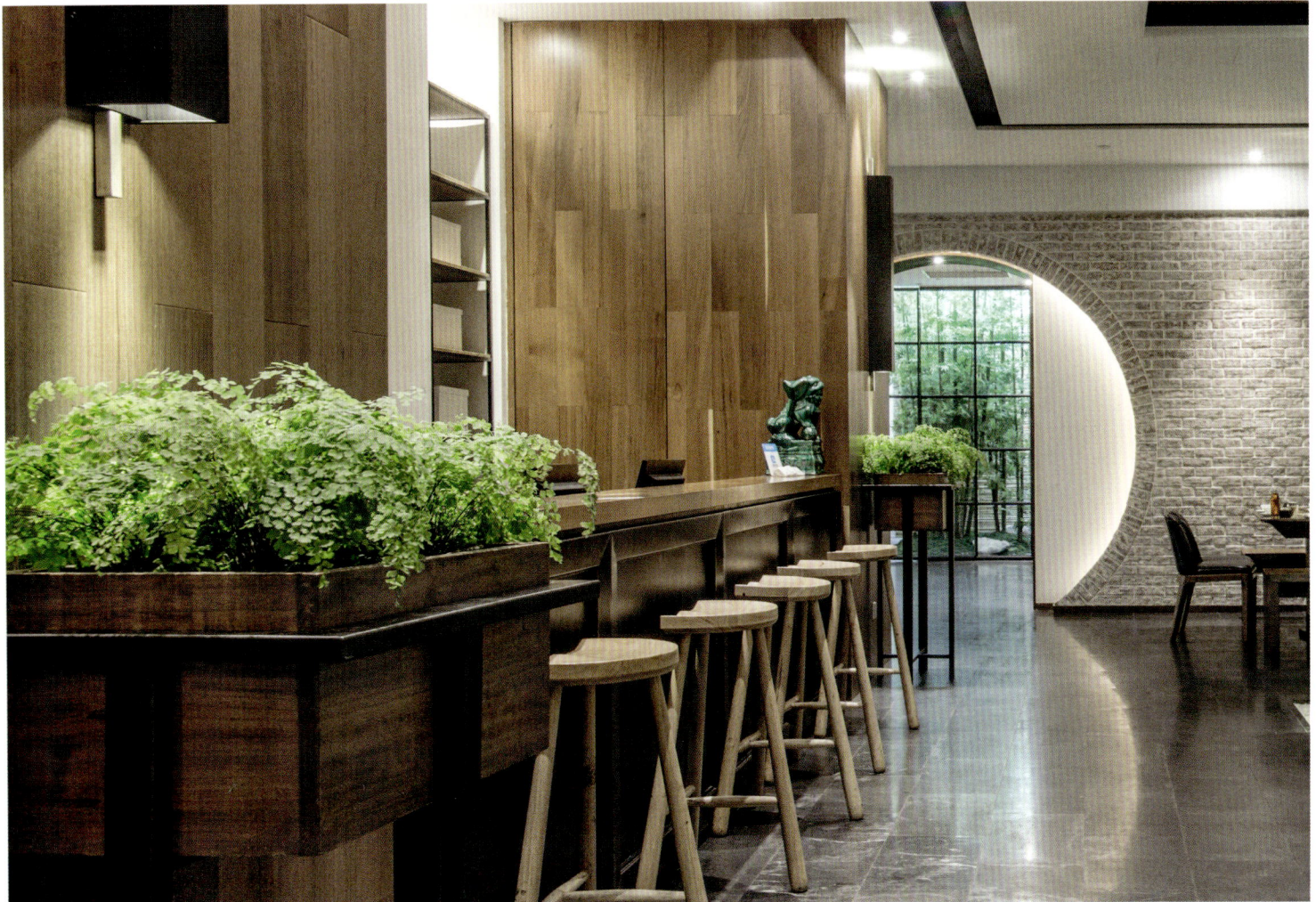

Kingdom Restaurant

金桃Kingdom餐厅

设计单位：杭州观堂设计
设　计：张健
面　积：845 m²
主要材料：水磨石、地砖、白墙、工业灯
坐落地点：杭州和创园
完工时间：2015年6月
摄　影：刘宇杰

综合体"31 间"是一个由 31Space 艺术空间、Kingdom 金桃餐厅、Hugo 虚谷设计酒店、元白展厅组成的集合空间。31 间坐落于杭州留和路东信和创园内。初建于 1958 年的老厂房，在历经 50 余年的风雨后，华丽转身为创意园区。31 间正是之前第 31 号厂房，占地面积 1100 平方米，挑高 10 余米，巨大的双人字顶木梁结构着实让人震撼。

31 间创始人之一，也是总设计师的张健在对第 31 间老车间改建和设计时，保留了时光的印记里原有的斑驳，同时又赋予她现代与时尚的气息。岁月的痕迹充实着建筑本身的气场，又与极简复古的设计感互相渗透。

Kingdom 金桃餐厅 10 余米的挑高打造为两层空间，入坐于二楼用餐，巨大的人字形木梁顶令人叹为观止。难得可见的古董甲壳虫车、20 世纪中叶的经典家具、复古机车群、工业时期的灯具，映衬着斑驳的墙壁、现代的咖啡机，在如此振奋人心的人字顶下人声鼎沸。

左：建筑外立面
右：就餐区

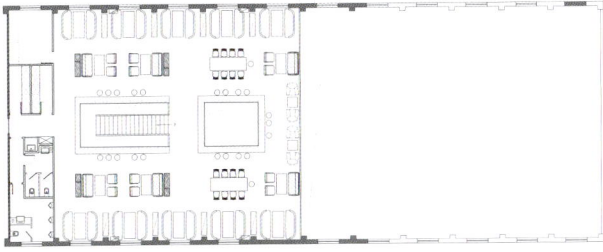

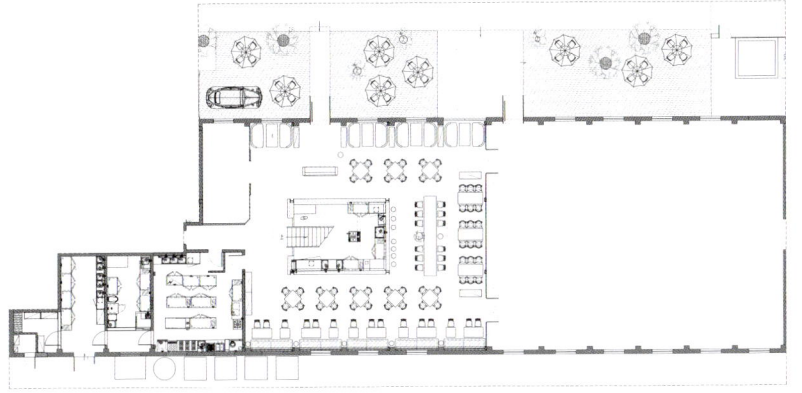

左1：二楼餐区
左2：二楼主餐区
右：楼梯

Diaoye Sirloin

雕爷牛腩

设计单位：古鲁奇公司
设　　计：利旭恒
参与设计：赵爽、高颂洋
面　　积：250 m²
坐落地点：北京
完工时间：2015年11月
摄　　影：孙翔宇

牛腩是香港随处可见的街头美食，一直是话题十足的北京雕爷，在几年前远赴香港拜见食神，大手笔 500 万港币买下食神神秘的牛腩秘方。北京雕爷牛腩就此诞生，试图把食神的牛腩推广到神州各地。

2015 年古鲁奇公司受邀为雕爷牛腩打造品牌全新形象店，为了将文化引入空间设计，设计团队将品牌目标客户的文人雅士与白领客群和中国古代的士大夫作了对话。士大夫即中国古代的知识分子，兴起于唐宋年间，败落于清末，正是这样一批文人骚客推动着文化才有今天中国文化的百花齐放。

富春山居文人雅士围绕曲水而聚，吟唱绝代风华的情境成为了古鲁奇设计试图还原的用餐体验。进入餐厅首先映入眼帘的是层层山脊叠加空间，转身步入用餐区，山脊环绕着几个独立餐区，山的外围则是现代演绎的曲水流觞，就如富春山居图里人坐在山中，卧于水旁，望着层层叠叠的山水，简约内敛的设计手法，古老的文化现代的诠释，期待客人用餐时诗意联想与体验。

左：主餐区
右：餐区局部

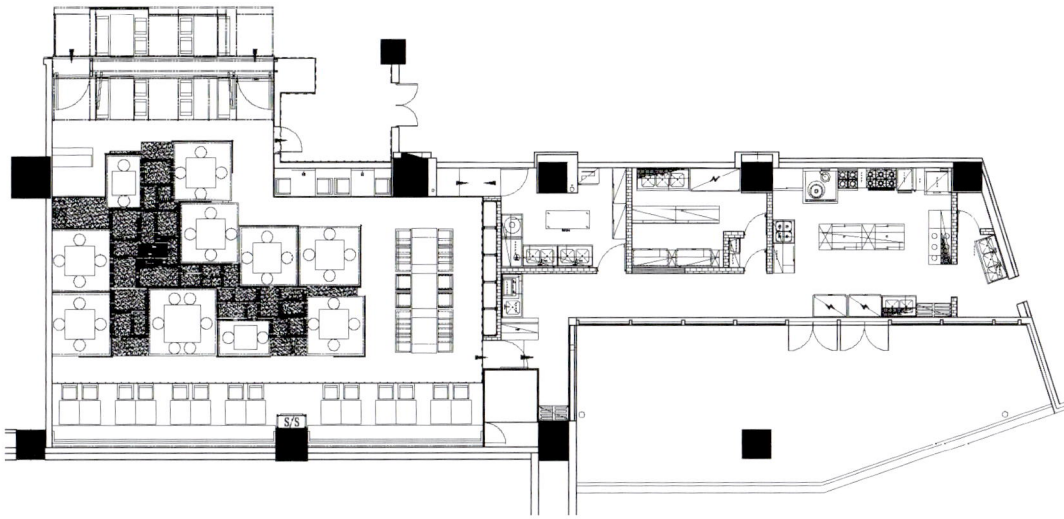

Toronto Seafood Buffet Restaurant

多伦多海鲜自助餐厅

设计单位：上瑞元筑设计顾问有限公司
设　　计：孙黎明
参与设计：耿顺峰、周怡冰
面　　积：920 m²
主要材料：大理石、金属帘、木地板砖
坐落地点：江苏无锡万象城

本案在平面配置考量场地运用之灵活性，岛台区域与座位区有机结合衔接，动线布置串联结合地坪、金属挂链和立屏进行细部场域划界。

都会轻奢风格成为空间内在底蕴，试图捕捉都市就餐环境的新感观体验，在空间中提取金属构件元素，将皮革、镜面、布艺、精美的艺术拼接及讲究的金属构造通过金属挂帘的线索巧妙的串联转化为视觉引线，令它们穿引在空间、装置、色彩、光影的序列之中，烘托出就餐环境温暖典雅的气质，使空间整体气氛更为轻松自在。

设计以细腻观察与个人经验为出发点，复合了东西方往昔与现代都市的意向，轻奢摩登的视觉语法令本案浸润在时尚的都会气息中，使宾客享受美景佳肴之际，沉醉于大都会的生活情调中。

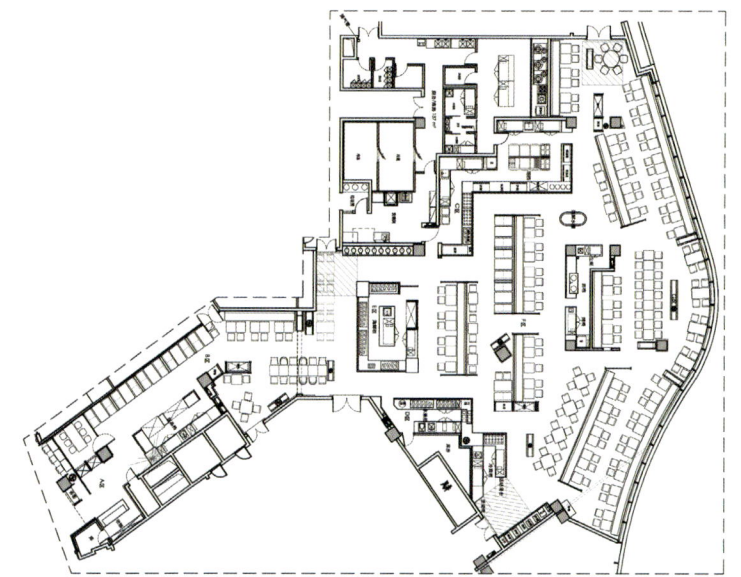

左1：外立面
左2：等候区
右1：岛台区域与座位区有机结合衔接
右2：主餐区

左：动线布置串联结合地坪、金属挂链和立屏进行细部场域划界

右1、右2：餐区局部

右3：卡座区

Yi'jia Celebrity Chef

伊家名厨

设计单位：宁波高得装饰设计有限公司
设　　计：范江
面　　积：580 m²
主要材料：钢铁、水泥、木板、彩色氟碳漆
坐落地点：浙江余姚
摄　　影：潘宇峰

伊家名厨租赁商场一隅，空间最高有 8 米多，给设计师提供了多层次想象。设计师用台阶、坡道等方式来理顺空间的路径及区域划分，以集装箱为主造型去营造一种空间氛围的手法也多见，但做法不一，效果也会不一样，设计师一直想尝试，这次如愿以偿。将集装箱用并列、叠加的方式形成各种用餐空间，开了较多门窗，箱体由封闭变成了开放，形成内外借景，并利用集装箱的材质特点或借鉴其元素做成隔断、顶部装饰，让整体造型得以和谐。在最明显的地方设计了一块锈迹斑斑的长方形铁板，中间是一个椭圆形的镂空，镂刻出伊家名厨的英文名称 E SKITCHEN，上下以若干大小不一的齿轮做装饰，仿佛"伊家名厨"经历了漫长岁月，有了斑驳与沧桑。地坪是混凝土，局部用硬木地板，墙面也是清水混凝土，钢与铁大行其道，却没有冰冷的生硬感，因为空间里到处都是高纯度的湖蓝、苹果绿、玫红，这些洋溢着青春气息的色彩跃然而出，演奏着时尚年轻的乐章。

空间的饰品有着过往时代的标志性烙印与趣味性，比如用文化大革命宣传画，但高举的却是商品品牌，把强调政治第一的气概用来强调商业第一、品牌第一。铁皮招贴有老牌名星赫本、派克、梦露、李小龙，这些人物总归是人见人爱，花见开花。另有 20 世纪 30 ~ 60 年代令人怀念的各种中外商品广告画、旧汽车车牌与方形铁丝网兜进行组合，既是装饰又可插便笺条或放纳一些小物件，还有旧的公路指示牌、老电话机等随处可见，在集装箱上用白色油漆喷涂餐馆的英文缩写、数字，韵味连连，让人回味，怀旧也是一种时尚。

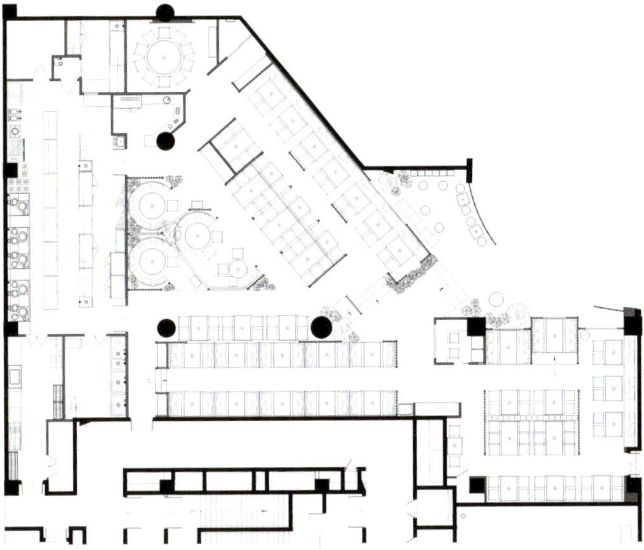

左、右2：机器、齿轮、轴承，还有烧锅炉的煤块，走过这片区域，便感受到不一样的空间气质
右1：局部

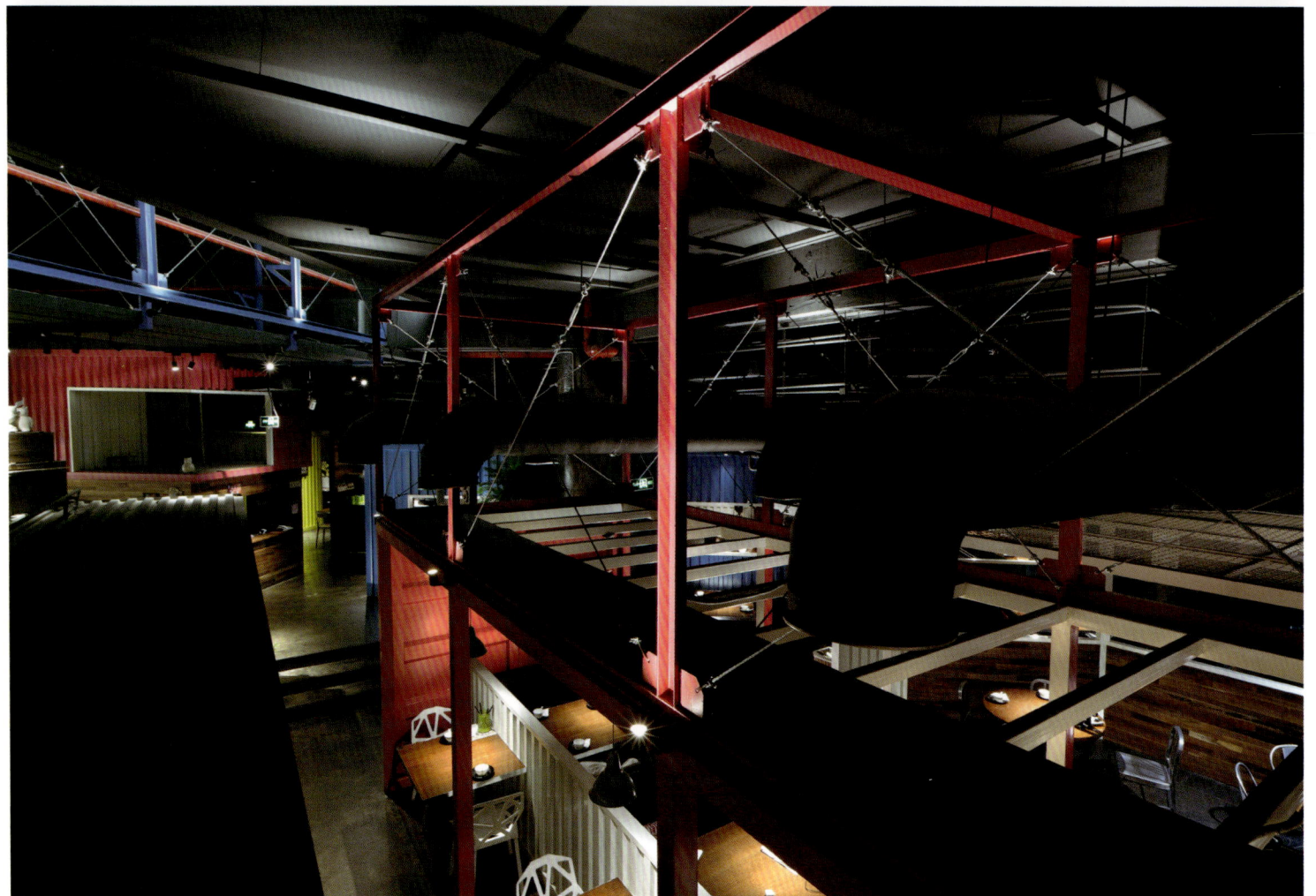

左1：高低不一状如油漆筒的灯具是设计师特意设计去定做的

左2：空间透视

右1：餐厅局部

右2：餐厅局部

Quantum · Chanyuan Restaurant

量子·馋源餐厅

设计单位：FCD浮尘设计
设　　计：万浮尘
参与设计：唐海航、何亚运
面　　积：600 m²
主要材料：水泥、复合木地板、槽钢、钢丝
坐落地点：苏州
完工时间：2016年4月
摄　　影：潘宇峰

量子是苏州本地专门研究当地特色饮食文化的餐饮企业，本餐厅地处苏州斜塘老街东侧，设计时根据量子．馋源品牌的推广理念："吃·生活"为主题，结合苏州特有的历史文化和地域特色，对其进行了品牌文化和LOGO的延伸，做了空间的总体创意设计。以莲作为形象设计主体，通过对莲的延伸和提炼，在整个空间的重点区域着重体现，其中灯具、家具最为典型。

整个空间以深色调为主，在空间中植入钢丝编织成的银白色具有反光的"渔网"，营造出了苏州鱼米之乡的特色。利用层高优势，做了局部错层结构，错层上面有莲花形餐椅，下部有银白色钢丝编织的钢丝网，通过灯光照射，呈现出了一幅在渔网上坐着莲花用餐的奇妙景象。结合墙面大面积水泥面，营造出质朴禅意氛围。通过突出文化主题，强调品牌意识，弘扬苏州的"吃·生活"与餐饮文化的设计手段，将量子品牌进一步提升。

左：餐厅外景
右1：楼梯
右2：过道

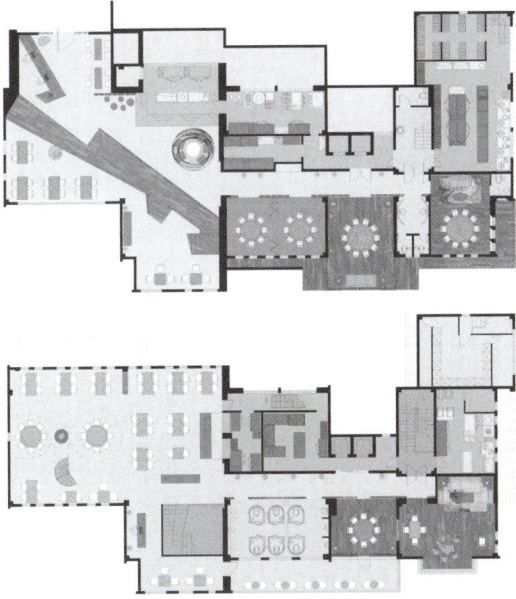

左：餐区
右1：包厢
右2：包厢
右3：局部
右4：卫生间

PLENA127 - Korean Food Restaurant

PLENA127–韩式料理餐厅

设计单位：吕永中设计事务所
设   计：吕永中
面   积：726 m²
主要材料：胡桃木、水曲柳、榆木、黄铜、紫铜
坐落地点：上海
摄   影：吴永长

餐厅包括室内和室外弧形露台两部分，总建筑面积约960平方米。委托方韩国梨树集团将其定位为高端韩式餐厅，设计在初始阶段就体现了一个清晰的挑战：如何处理餐厅室内空间与室外露台的关系，在空间中体现都市时尚与自然的和谐共生，从而创造出具有首尔独特魅力的餐饮空间体验。

原建筑弧形外立面受到结构的制约，墙体与外窗的交替显得零碎而不规则。由室内空间的节奏和明暗关系考虑，设计对外立面进行了整合，采用开放而连续的界面来加强室内与露台的联系。从餐厅内部使用者的观察角度出发，设计对户外景观进行梳理：一方面，在落地玻璃窗上方设置雨篷控制自然光线及景观视野，同时，在外窗与露台的恰当部位设置柔性景观隔断，如同一个个精巧的取景框为餐厅内部提供最合适的视野。

在餐厅内部，正对着主入口是一面长约15米的背景墙。从地面延伸到天花，墙体由浅色的麦秸板压制而成，立面上自由起伏的形态宛如微风拂动的麦浪，由近及远、层层叠叠展开一幅连续的画卷。"麦浪墙"不仅起到了屏风的作用，实现了内部与外部空间的场景过渡，它还承载了对空间进行物理和视觉上划分的功能。处于中轴位置的"麦浪墙"将餐饮区一左一右分隔成相对的私密区域和开放区域。延绵的墙体、阡陌交通的走道连廊，让人联想起古代城廓分隔城里城外的空间意向。"城外"是开放区域：靠近外窗、更加明亮，餐饮位置的布局也更加轻松自由，露台的意境在餐厅内部得以延展。与之形成对比的是"城内"区域：深阁之中，略显幽暗，餐饮位置的形态规整而对称，采用隔间与包厢来满足人们对私密性的要求。

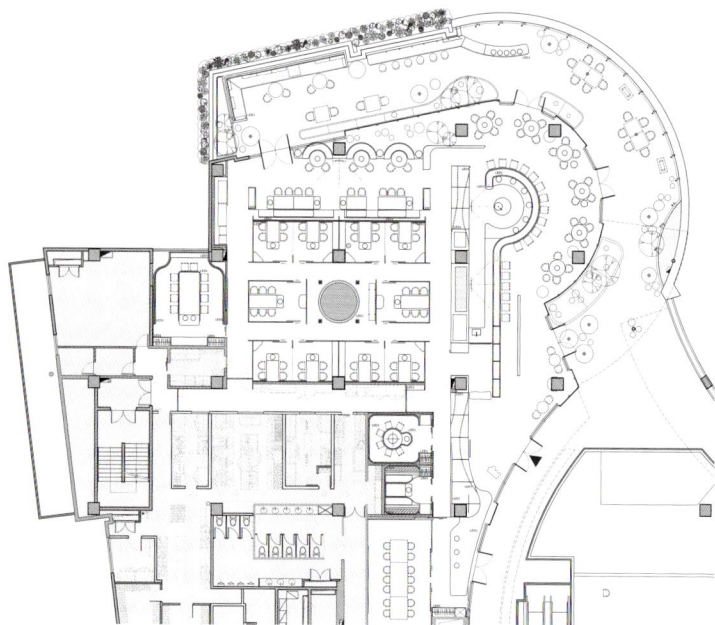

左：入口门厅麦浪墙
右1：麦浪墙细部
右2：城外区吧台
右3：城内区水景

游走于餐厅各处，可以感受到从室内顶面的钢板到立面的隔断，再到地面的水洗石铺装，材质更多地呈现出本身质朴自然的状态。木格栅、固定家具等细节的处理上，均采用了抽象麦穗衍生出的交错形式，与主体"麦浪墙"相得益彰。照明设计方面，餐厅更多采用点光源，从空间的高低的变化出发，在满足餐饮的功能需要之外营造出幽暗的都市氛围。

左1：城外区卡座
左2：城内区走廊
右1、右2：包房

Banu Hotpot

巴奴火锅

设计单位：河南鼎合建筑装饰设计工程有限公司
设　　计：孙华锋
面　　积：1550 m²
主要材料：老木板、做旧钢板、红色烤漆玻璃
坐落地点：郑州
完工时间：2015年6月

在品牌餐饮的发展与扩张中，设计应和品牌一同成长与创新。郑州曼哈顿店延续巴奴独特的纤夫文化，并提炼其精髓，融入"团、聚"的概念，强化品牌形象与定位。

45°角的空间布局配合超大尺度的中心岛台，红色玻璃屏风的穿插运用，丰富空间层次的变化，既展现了空间的序列美、韵律美，又使各就餐空间保持关联的同时兼顾私密性。

游走其间，红与黑、黑与白，铁锚、原木、岩石、玻璃，色彩、质感与光影的融合碰撞，宛如奇妙的催化剂，让气氛更热烈、让笑容更灿烂、让激情更洋溢，让灵魂更沉醉……

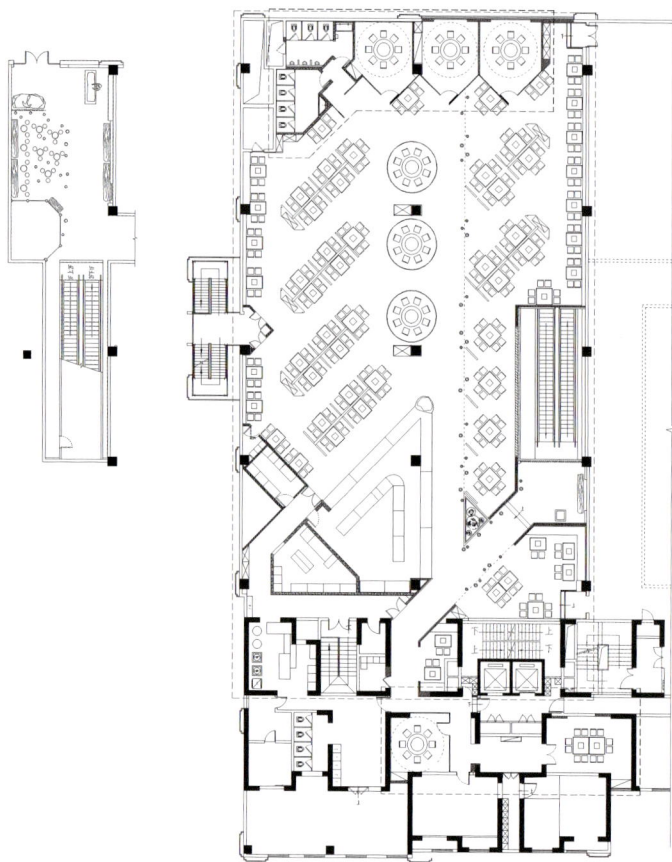

左：跳跃的色彩活化了空间
右1：铁锚、原木、岩石元素的融入焕发出其独特魅力
右2：红色玻璃屏风的穿插运用，丰富空间层次的变化

左：各就餐空间保持关联的同时兼顾私密性

右1：色彩、质感与光影的融合碰撞，宛如奇妙的催化剂

右2：局部

THE 26 Restaurant

THE 26餐厅

设计单位：宁波矩阵酒店设计有限公司/宁波W.DA王践设计师事务所
设　　计：王践
参与设计：毛志泽、蓝蓝婉
面　　积：260 m²
主要材料：大理石、不锈钢、高光板、镜面玻璃
坐落地点：浙江宁波
完成时间：2016年4月
摄　　影：刘鹰

餐厅位于宁波南部商务区水街，周遭环绕数十幢顶级写字楼。北望宁波城区最大的鄞州公园，南接罗蒙环球城商圈，紧邻贯穿整个南部商务区的水系，环境优美，白领及高端商务人士云集。餐厅主打26道精美中西菜肴，每道菜品首字母均按26个英文字母排序，故餐厅以阿拉伯数字"26"命名。

餐厅原址是一写字楼的三楼中庭挑空部分，顶部是全钢结构的玻璃采光天顶。改造时将二层楼板浇筑封平，顶部为解决隔热问题，弃用采光玻璃改用隔热材料封实。为保证空间高度，在满足设备安装需求前提下，尽量采用扁平化、轻量化设计，采光则保留了东侧沿水街景观的大面落地玻璃幕墙。

由于面积限制空间不规则，餐厅仅设一间包房，其余均以开放式布局处理。虽然空间的形态、布局要符合必要的逻辑性，但还应该蕴含一种直指人心的力量，令视觉美感与人性需求完美结合。为深化就餐体验，设计师突破了有限的空间限制，将主餐区、卡座、散座、半包厢与备餐区有机排布，共同营造时尚灵动的空间氛围，满足不同的视觉和就餐体验。

色彩搭配上采用了最能体现尊贵与时尚的金色、黑色作为主色调。家具则以明亮艳丽的绿色穿插其间，大量运用转折的金色线条勾勒黑色的界面。主餐区顶部采用轻量化的设计，将订制的金色线性吊灯安装在顶部风口处，以左右穿插悬挂的方式提供照明，既减轻平顶悬挂负担，也丰富了中部主餐区的空间层次。

整个餐厅采用了形色各异的羽毛图案作为装饰，羽毛的轻盈飘逸与多变的形式让空间不再因为大量的黑色而显得沉闷，餐厅西侧通长沙发区的大幅羽毛图案墙，透过前面有序排列拉伸的透明鱼线，在灯光的映衬下凸显成为整个空间的视觉焦点。

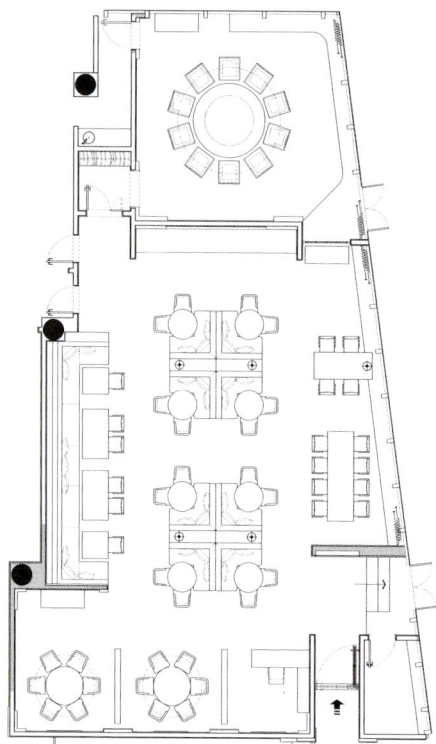

左：进门过道
右1：因面积限制空间不规则餐厅仅设一间包房，其余均以开放式布局处理
右2：装饰细节
右3：主餐区

左1：色彩搭配上采用了最能体现尊贵与时尚的金色、黑色作为主色调

左2：不同餐区不一样的视觉和就餐体验

右1：大幅羽毛图案墙在灯光映衬下凸显成为整个空间的视觉焦点

右2：半包厢区域

Caidiexuan

采蝶轩

设计单位：GID香港格瑞龙国际设计
设　　计：曾建龙
面　　积：676 m²
主要材料：深伽利灰大理石、罗马银灰洞石、马赛克
坐落地点：浙江嘉兴

在当今互联网时代，所有商业运营模式都被颠覆，唯有餐饮相对常态化。国家整顿腐败政策出台后，很多"奢华风味浓重"的私人会所餐饮逐渐退出百姓视线，而"时尚餐饮"却如雨后春笋般出现。作为香港著名餐饮品牌，同样需针对消费群体改变商业布局、做出菜品变革，而变革第一步就是：空间设计调性的重新定位。

本案设计师以全新视角解读当下时尚餐饮，以消费者的视角，通过消费者的体验来划分空间结构布局，保证合理动线的同时，开放最大空间视觉效果。用传统东方结合现代时尚的设计理念处理空间相关结构组织效果，区域与结点的转换通过高低、家具色调、灯光效果变化来进行分离，设计呈现"时尚蝶恋之花、水墨江南"为初衷的解读方式，是时尚与传统的交融，是经典问候流行。

左：合理划分空间结构布局
右：餐区

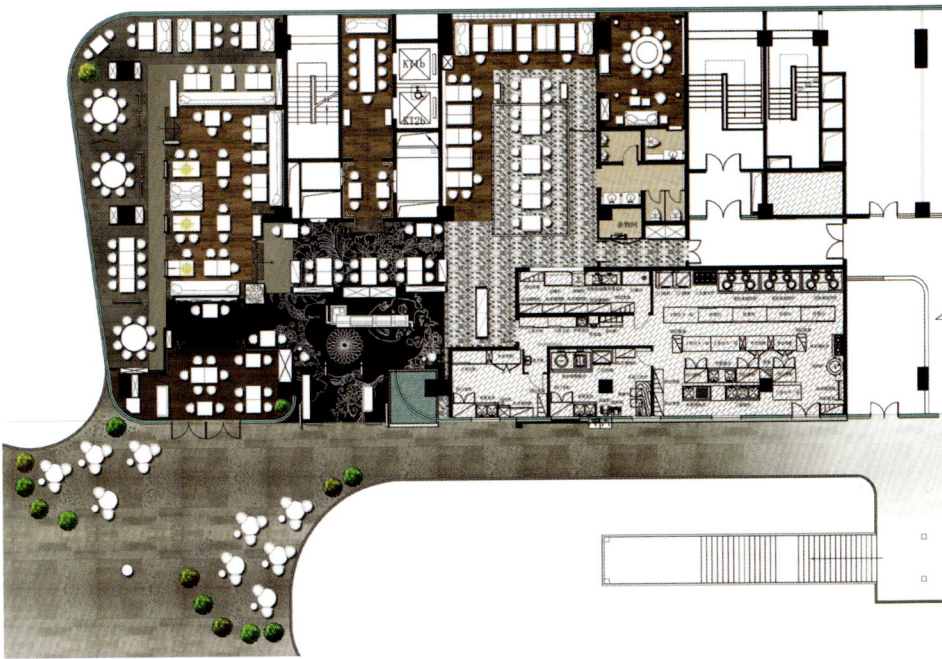

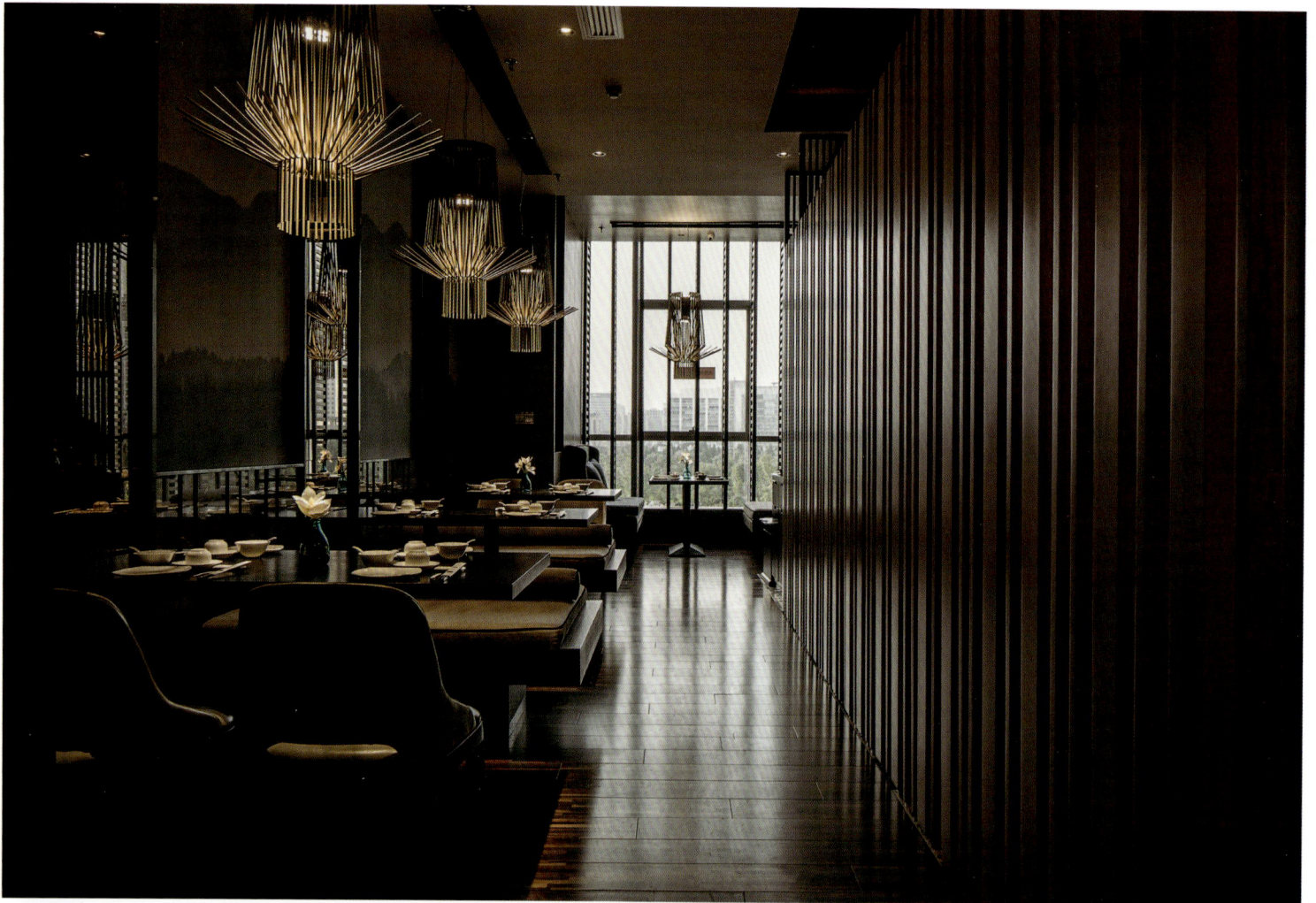

左1：用传统东方结合现代时尚的设计理念处理空间

左2：局部

右1：卡座

右2：包厢

右3：开放最大空间视觉效果

Meiyuan Chunxiao Restaurant

梅园春晓餐厅

设计单位：W.DESIGN无间建筑设计有限公司
设　　计：吴滨
面　　积：592 m²
坐落地点：上海
完成时间：2016年1月
摄　　影：陈乙

餐厅地处上海，是本帮菜老品牌梅园村的创新，作为家族继承人，梅大小姐从小耳濡目染了家族对于老上海味道的传承，和自己的祖母一样她也不乏上海女人的精致。但比起传统，她更在乎于革新，她希望梅园春晓具有年轻的气息，不再单纯吸引老上海也能同样服务于新上海。

在整个空间架构中，设计师希望硬装部分能表现力与美的较量，对于原有的水泥柱子，并未做过多装饰处理，而是于不经意间穿插了些许铜质线条，借以表现老上海后工业时代的粗犷与豪迈。很大程度上，只有人们抛弃了彩色的时代性，追求黑白的单纯感才显得更加永恒。而从思想和创作意念来看，黑似乎更具象征意义，更能深入对象本质。餐厅桌子大都以黑色诠释，配以硬朗笔直金色吊灯，灯光打在上面，阴影层次鲜明，影射出梅园春晓时尚丰富的品牌内涵。

亦如新生代的上海女人们：懂生活，会生活，举手投足间流露出与生俱来的贵族气息。在不断创造过程中，本案设计师逐渐懂得了何谓"以物养人"，在他看来，物件有超越单纯的功能性，让人产生恍惚感，哪怕看到简单的桌面，也可能瞬间跳出现实，产生特别的灵感。就像冯·斯登堡于1932年拍摄的黑白电影《上海快车》中呈现的场景一样：军阀混战的乱世，现代化设施与落后生活习惯的碰撞，闪烁的霓虹灯下处处潜藏着危机。这其中，必然有一名曼妙的中国美人，身着旗袍、单眼皮、一弯细眉、两片红唇，以此勾勒出一场对于"中国风"的幻想，是整场意象的点睛之笔。

设计师将这种点睛之笔巧妙的带到了梅园春晓的空间架构中，充满20世纪人文气息的女性照片置于墙面和椅背之上，若有所思的注视前方，赋予整个空间一种岁月静好的生活方式，一种全新的审美情趣，一种浪漫主义的世纪情怀，与铜质线条共同构成了力与美的对比。

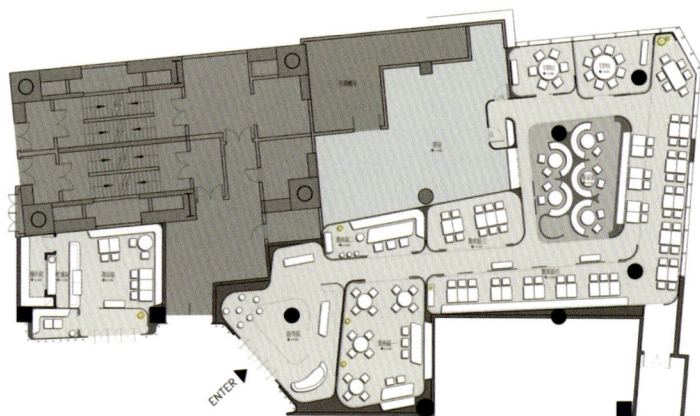

左1：彰显典雅浪漫主义气质
左2：地面精美装饰
右：入口即是一道美丽风景

左：接待台局部

右1：餐厅桌子大都以黑色诠释，配以硬朗笔直金色吊灯

右2：不经意间穿插了些许铜质线条，借以表现老上海后工业时代的粗犷与豪迈

左1、左2：精致无处不在

左3：充满20世纪人文气息的女性照片置于墙面和椅背之上，赋予整个空间一种岁月静好的生活方式

右1：局部透视

右2：卡座区

Lan'ge Restaurant

蓝阁餐厅

设计单位：厦门喜玛拉雅设计装修有限公司

设　　计：胡若愚

参与设计：曾锦宁

面　　积：470 m²

主要材料：蓝色波纹艺术玻璃、蓝色墙布硬包、仿黄铜拉丝不锈钢

坐落地点：厦门

完成时间：2016年4月

摄　　影：申强

餐厅为社区会所的配套，以蓝色为主调，打造低调奢华又具浪漫情怀的个性餐饮空间。用时尚的仿铜穿孔透光板形成入口门套，将客人引入梦幻般的就餐环境。

大厅及公共走道墙面用仿铜不锈钢精致切分，上下为黑色皮质硬包，中央为蓝色波纹艺术玻璃和蓝色墙布硬包穿插组合，形成空间的主轴。黄铜色的半球状灯饰悬吊空间上下，天花配合风口设计做不规则大小三角形凹线分割构图，成为空间另一造型要素。外走廊利用原有柱子凹凸做内嵌酒柜，在上下穿孔板的灯光漫射和周围蓝色材质的映衬下，更添几分奢华。

通向包厢的内走廊两侧阵列通长铜质壁灯，仪式感十足。走廊尽头是包厢的入口屏风，延续外场不规则大小三角形的构图，三种不同质感和颜色的玻璃组合成视觉焦点。与外场浓烈色彩相对比的是包厢宁静的氛围营造，素雅的墙纸饰面，用铜线勾边，蓝色主题的装饰画和金色蓝色的大小玻璃圆盘挂饰，呼应蓝色主题。天花同样结合风口和嵌灯做不规则凹线切分，但此处是中式花格意象的抽象提炼，相呼应的是各餐柜上金色吊架上的青花陶罐，低调奢华中透出东方审美情趣。

左1：用时尚的仿铜穿孔透光板形成入口门套，将客人引入梦幻般就餐环境

左2：包厢入口屏风三种不同质感和颜色玻璃组合成视觉焦点

右1：铜饰细节

右2：仿铜不锈钢板和黑色皮革组合成精致的迎宾台

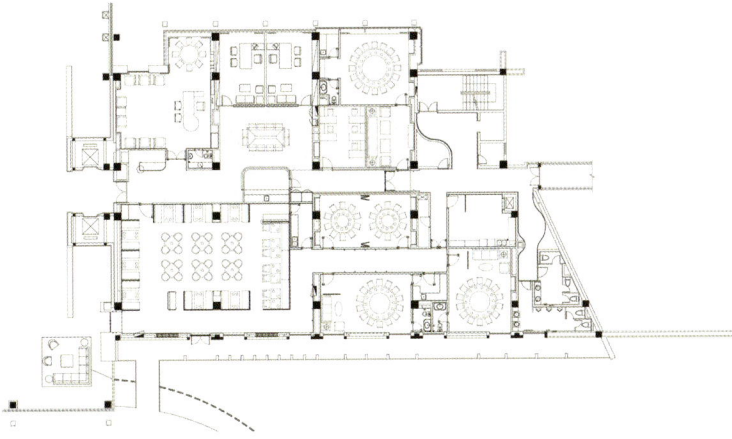

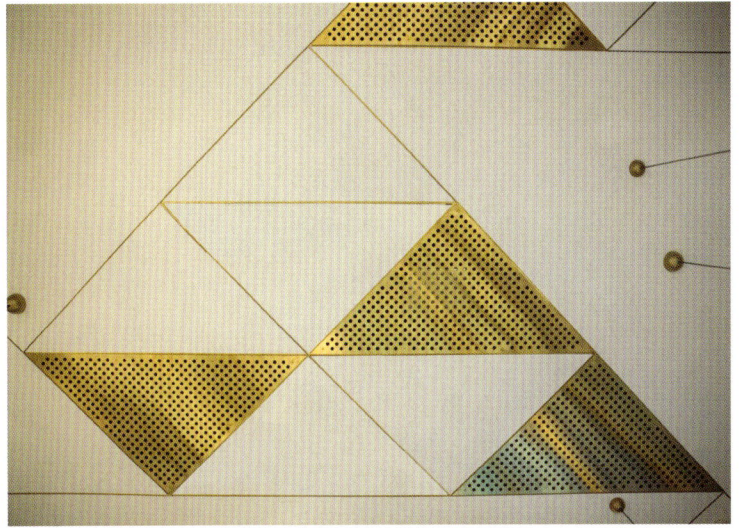

左：外走廊利用原有柱子凹凸做内嵌酒柜

右1：通向包厢的内走廊两侧阵列通长铜质壁灯，仪式感十足

右2：餐柜金色吊架上的青花陶罐，低调奢华透出东方审美情趣

CHANCE Restaurant

CHANCE 餐厅

设计单位：无锡市发现之旅设计有限公司
设　　计：孙传进、胡强、陈以军、何海彬
面　　积：400 m²
主要材料：铁锈、复古花砖、混凝土、钢筋
坐落地点：安徽芜湖

设计以主流消费群体为灵感，不同于其他设计，源于对人群背景，美学倾向，透过对生活剖析，上演一场基于本世纪新人类的喜好，华丽另类状态，转化为一个主题语言。

前区频闪交通信号灯，在人流如潮大环境中，冲突的表现了设计师在商业展示方面具前沿性的思维。古老、斑驳又极具力量感的 20 世纪集装货柜，倾诉漂洋过海的经历，在环抱的彩色灯泡烘托的"化妆镜"前，过往行人，心间亦有同样的唏嘘和沧桑，激发一探究竟的欲望。

车语言的刻画和精心装饰丰富了整体表情，防滑钢板作为前区地面质地，强调极其的冷硬感，使心情有舒缓回温，体验感十足，划分区域的同时自然成为导流艺术标识。动线在核心区形成了一个集结区，"CHANCE"邂逅在其他的"心"点，设计师给予空间第一次回馈，精致汇聚，形成意念，这是现实的一次邂逅，也是设计师的心声。

当代建筑难道只能用那些看起来完整的混凝土来表现吗？此外，设计师尝试用日常生活艺术中的手法，涂鸦，SCRAWL，指路牌，花花草草，绿植墙再一次平衡了这些视觉基点。全案以现代艺术的表现手法，汽车、钢铁、混凝土等工业元素在低调的空间里，在相对艳丽的质感家具映衬下，将顾客置身于生机盎然的交汇和纯粹的世界里。

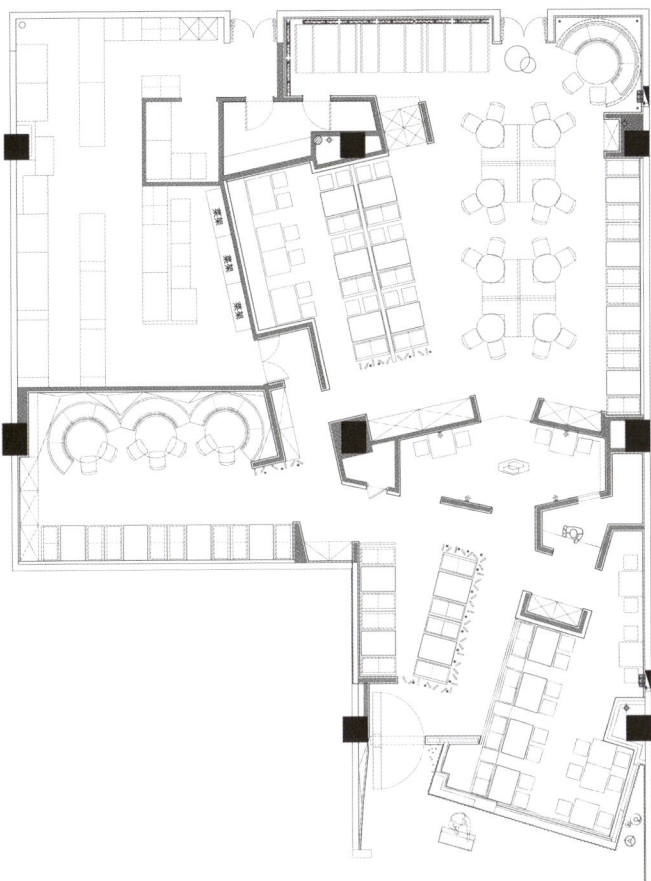

左：入口处
右1：局部
右2：就餐区

左1：用餐区背景涂鸦墙
左2：细节
左3：餐区局部
右：主餐区

Chuanbazi Hotpot

川坝子火锅

设计单位：合肥铂石空间设计机构
设　　计：胡迪
参与设计：聂文钦、徐磊
面　　积：700 m²
主要材料：仿古砖洗白、水泥、彩色玻璃、红砖、钢板
坐落地点：合肥
完工时间：2016年1月
摄　　影：金啸文

空间运用内建筑的表现手法，将传统建筑形制用现代材料重新建构，以浓厚的浪漫主义情怀创造出不同以往的装饰手法，用当代思维将中国传统文化全新演绎，颠覆人们对火锅店形象的传统印象。外立面使用红砖和灰白色现浇混凝土作为主体结构，红砖以重复叠加的砌筑手法，表达出红火的热烈气氛。室内色彩受四川鸳鸯火锅启发，以红白两色为基本色调，白色纯净高雅，红色热烈沸腾，相互交织演绎出别样的巴蜀氛围。

入口处网状玄关，增加了空间层次感，同时营造出梦幻般的光影效果。内部钢结构玻璃房组合成不同用餐区，白色钢构、红色玻璃与浅色枫木板的组合，既现代时尚又烘托出浪漫情调。异型楼梯蜿蜒上升，直通圆形中厅，表达出天圆地方的中国传统哲学思想，让人产生对天府之国的想象。二层圆形中厅形成交通流线中心，自然分配客流。直通到顶的鸟笼状护栏也让空间充满灵动感，弧形墙面通过椭圆形的开口展露出蓬勃的绿色生机。

整体空间虚实相间，布局巧妙，让观者产生出无限的视觉感官上的联想。麻辣之刚烈，清淡之柔美，融合之恰当，这便是火锅煮沸的生命的滋味。

左：入口
右1：细节
右2：入口处的网状玄关、白色钢构与红色玻璃的组合增加了空间的层次感

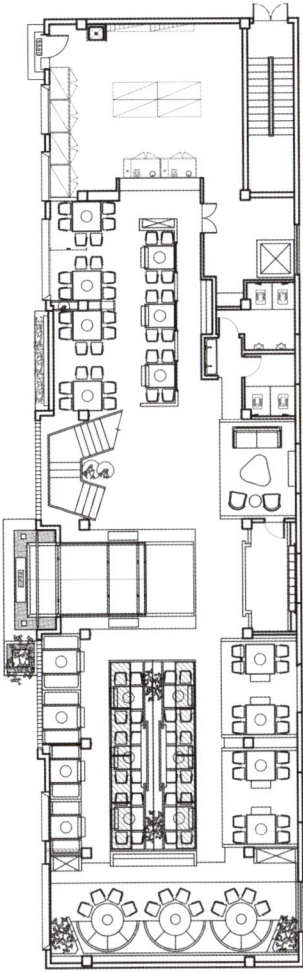
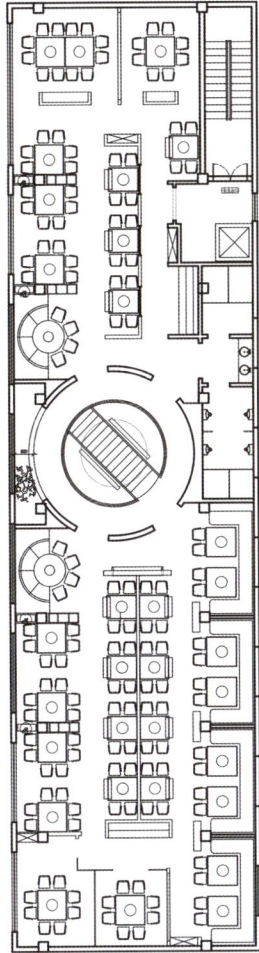

左1：一层楼梯厅异型楼梯蜿蜒上升

左2：楼梯俯视，弧形墙面通过椭圆形的开口展露出蓬勃的绿色生机

右1：一层卡座

右2：二层南卡包

右3：玻璃房子

Baiyuexuan Restaurant

佰悦轩餐厅

设计单位：许建国建筑室内装饰设计有限公司
设　　计：许建国
参与设计：陈涛、刘丹
面　　积：890 m²
主要材料：砖、旧木、水泥、钢板
坐落地点：安徽合肥
完工时间：2015年10月
摄　　影：刘腾飞

该项目是水泥设计院的老厂房，由纵横两栋楼组成的呈 L 形。原建筑内部都是空的，因此在设计时需要进行整体空间改造。

从功能上，设计师考虑在室内新建楼板层，把空间划分为上下两层，提高空间使用率。副楼层高比主楼要矮，做两层层高不够，为解决这个问题，将副楼采取整体下挖的方式以满足一层层高。其次在主楼前面搭建了一个空间。解决了门厅和楼梯的位置问题，让两栋楼很自然地构成一个整体空间。

由于老厂房的建筑外观已被改建成徽派建筑风格，所以搭建的门厅造型和材质是由徽派风格为根基演变的。入口两边的竹节水泥墙面质朴又表达出文人气息，从中间的石板路进入厅堂，两侧水池里金鱼戏水莲花洁净，水泥盆里散开一束温润的竹，与竹节铁管搭建的屋檐相映衬，整体的简洁和调性传达出一种君子之风。穿过圆拱形的门洞，进入厅堂，最大的亮点是楼梯上方整面的玻璃顶，可以抬头见天，自然享受。楼梯踏板墙面上可见光照投来的一束束竹的光影，如诗如画。

空间内部的装饰考虑到本案的预算限制和实际情况，我们在保留了原建筑顶及砖墙的基础上进行简单装饰。简洁却不简单，平衡新旧材质的碰撞，把握比例的重塑都是要考虑的。

空间以走道和包厢为主，走道的低照明与狭长有序列感的陈设，形成空寂感。

左：外立面
右：入口

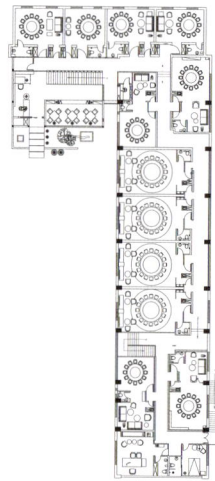

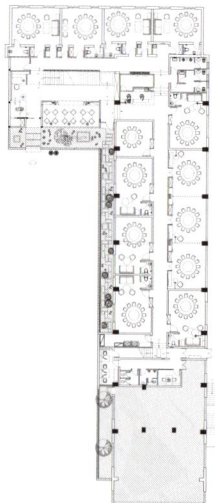

左1：外景
左2：楼梯
右1：过道
右2：包厢
右3：卡座
右4：包厢

Dee Vegetarian Meal & Tea Space

棣Dee 蔬食茶空间

设计单位：经典国际设计师事务所
设　　计：王砚晨、李向宁、李筱妮
面　　积：410 m²
主要材料：非洲花梨、免漆榆木、锈钢板、回收旧木板
坐落地点：北京
完成时间：2015年10月
摄　　影：张毅

棣 Dee 蔬食茶空间由中国厨娘梁棣创立，本着"顺应自然，臻味健康，茶养人生的理念"为喜爱素食和茶的人群提供多样休闲生活饮食。

餐厅原建筑是 20 世纪 80 年代初的砖混预制板结构，原本拆除墙面抹灰层，露出质朴红砖墙面，只可惜，红砖品质欠佳，坑洼残缺，为此多方想办法，诸不适合，最终将金刚砂与喷砂设备运至现场，通过强力喷砂工艺，红砖表面获得一定的清洁度和朴拙感，效果令人欣喜。天花预制板钻孔掉渣无法承受现在天花吊顶综合设备的荷载要求，通过在结构梁之间加固工字钢梁，空调和机电设备得以附属在钢梁内，通过严谨排布穿插计算使得设备整齐划一，与天花原有的预制楼板共同组成新的视觉映像。建筑主立面朝西，解决午后的西晒和室内引入户外的自然景观成为重要的课题，窗户决定室内与室外的风景，更换原有分隔窗扇，整块中空玻璃落地窗带来开阔的视线，形成自然的画面，窗外的竹林既是风景的主角，也是过滤光线的屏障。

步入竹林，繁杂都市被隔绝在身后，沿着景石翠竹夹道，有逐鹿水溢自鸣。屋内落地窗下三张原木非洲花梨，可供三两友人相聚；主就餐区七米独板花梨长桌，八百年古树自然天成，群友围桌而坐，悠然自得。窗外竹林小径中水汽氤氲，夏日感受无形的沁凉温度。盛器选用质朴的陶器、竹编，与桌面自然纹理相呼应，茶具杯盏安置在简洁古朴的免漆榆木展柜上，相得益彰。影壁墙粗看是冰冷的清水混凝土，细看则有松木模板温暖的木头纹理，随着光线的变化，婆娑的竹影在影壁墙上轻轻掠过，动静相生。整个室内室外无过分矫饰，是我们对自然的崇敬

左：坐在屋檐下竹林边，清风徐来
右1：茶具杯盏安置在简洁古朴的免漆榆木展柜上，相得益彰
右2：室内外无过分矫饰，是我们对自然的一种崇敬

之情，自然以一种意向的形式融入庭院设计，光与影之间隐藏着难觅其形的精神世界，内心诞生对"无"的认知。

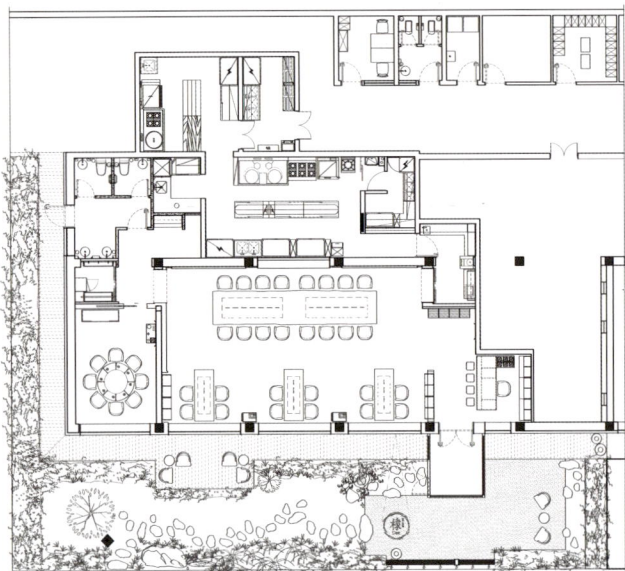

左1：主就餐区侧面
左2：落地窗下三张原木非洲花梨可供三两友人相聚
左3：阳光透过竹林，斜入屋内
右1：红砖表面处理获得一定的清洁度和粗糙度
右2：透过茶具展示架，空间安静自然

Ajimi-Japanese Restaurant

味见日本料理

设计单位：上海黑泡泡建筑装饰设计工程有限公司
设　　计：孙天文
面　　积：700 m²
主要材料：硅藻泥、花岗岩
坐落地点：长春
摄　　影：THREE IMAGES 三像摄影

用简约的手法营造充满现代禅意的日式料理，人为加长了入户长度，让空间得以安静。用材以吉林当地花岗岩和硅藻泥为主，大厅散座区卷起一角的花岗石悬挑，将材料的特性颠覆，起到了柔化空间的作用。8 米长、1.4 米宽的木板搭配现代日式的艺术画，把人带到日本文化的场景。采取暖色和蓝色两种灯光氛围，既满足不同时段功能需求，又创造了独特的视觉效果。

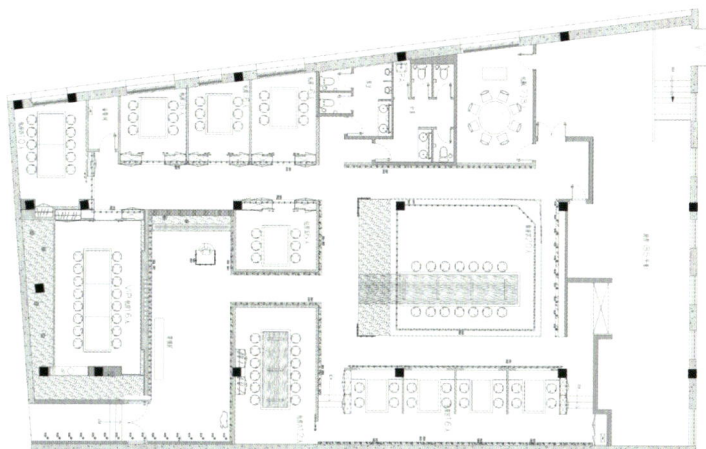

左：简约手法营造充满现代禅意空间
右1：大厅8米长、1.4米宽的木板搭配现代日式的艺术画
右2：弥漫着浓郁日本文化气息的大包房

左1：暖色和蓝色两种灯光氛围创造了独特视觉效果
左2：墙壁上的酒瓶装饰艺术效果
右：空间透视

Fashion Film Beijing Yan Dining

北京宴金宝汇店电影主题餐厅

设计单位：杭州山水组合建筑装饰设计有限公司
主持设计：陈林、陈石林、芮孝国
参与设计：盛加喜、刘墨
面　　积：1800 m²
主要材料：铁艺、木材、石材
坐落地点：北京
摄　　影：苏小火

中国室内设计十大人物之一陈林，在首都北京推出了两件新作，分别是"北京宴·京剧"和"北京宴·电影"。尤其是后者，悄然引来了一众电影界人士的关注。作为中国电影的中心，北京聚集了中国绝大多数电影导演、编剧、明星、摄像、场记等，让专业人士赞赏甚至参与并不容易，但陈林做到了。李冰冰、黄晓明、黄渤、任泉、井柏然、何炅六位明星大腕，不久前正式入股"北京宴·电影"，并将陆续推出一系列"电影美学与生活艺术"的活动，这家以电影为主题的餐厅终于名至实归。

为什么是"电影主题"？设计师坦言电影是人们最容易产生共鸣的主题，我们不约而同会因为共同的影像记忆而产生共知，唤起我们对周围环境和空间的感知，传达个体对空间的感受度、参与感和发言权。我们希望空间唤起造梦的可能。

很多时候，设计师的情感是很个人化的，陈林喜欢在设计中唤醒人们记忆深处的情感，"我想尝试用新艺术空间的方式思考三维，四维，仿真，穿越，以至于怀旧的意味，动态的气候和音效的配合让我们的感知是富足的，犹如造梦般。电影可以是最直接的，我们顺应着它们的情节并且参与延续自己的故事。"这个以电影为主题的北京宴餐厅就是一场造梦之旅，人们在现实和超现实中交替，来到这里不仅是为了吃，更是一场热烈的交谈，一种入戏的情迷，饮食男女之间精神与审美的交换。

陈林为北京宴·电影餐厅设定了 4 大街区、花园、玻璃房和 16 个不同电影主题的包厢，尝试还原午夜巴黎的屋檐下，雨中曲，盗梦的空间；罗马的假日；走出

笼子电梯去遇见卓别林；还有儿童最纯真的色彩《宫崎骏的世界》；以沉郁冷静的风格讲述一段颇具浪漫主义黑帮史诗的《教父》；力量与荣耀的《角斗士》；还有对于女性的感知，暧昧的橘色，纠结的领带，曼妙的张曼玉的旗袍和剧照，回到那个年代香港的味道。这便是《花样年华》……陈林用光制造了落日，用雨制造了温度，用雷、风和火车的鸣笛制造了声音，用闪电制造了视觉，用雾幕制造了穿越，用陈设制造怀旧。

在北京宴·电影主题餐厅用餐的所有感知，是极致的也是亲切的。人们在此或坐，或走，或停止，或冥想，或嬉戏，在这里，空间自动叙事，人们只需放下自我去成为主角。在这家餐厅里用眼睛去看，用皮肤去感知，用手去触摸，用身体去邂逅。人们身临其境，感受并找到各自的情感记忆。

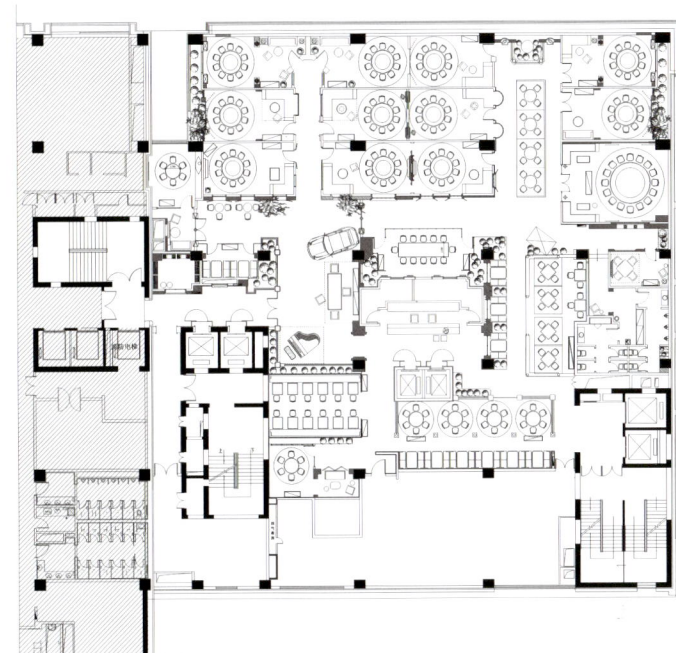

左：对称的布局
右：造梦之旅就此展开

左1、左2：浓浓的怀旧气氛
右1：走道
右2、右3：餐厅局部

左1、左2：院落的过道
左3：铁门开启了入戏的情迷
右1、右2：丰富多变的色彩

PIGGY

杭州小猪猪 —— 卖萌美学的极致诠释

设计单位：杭州山水组合建筑装饰设计有限公司

设　　计：陈林、芮孝国

参与设计：盛加喜、吴恺

面　　积：250 m²

主要材料：钢结构

坐落地点：杭州

摄　　影：陈乙

紧凑的商超店，极具夸张的缤纷色彩，站在门口憨厚迎客的萌宠猪猪……工艺美术专业出身的设计师陈林，翻遍美国、日本、香港等地书店中关于猪猪的形象，写真的、卡通的、具象的、抽象的，可始终没有找到那一头让人眼前一亮的"PIGGY"，于是，他决定自己设计。无数个不眠夜晚，夜半人静画图至破晓，不断地画，不断地修改，从定五官到定全身，再定穿什么衣服，两脚站立或四肢行走的各种造型、各种动作，一个都不能少。

从店面到进店用餐，门口排队等待用餐的小猪雕塑、店内陈列各式精致的小猪玩偶和工艺品、趴在管道上的修管道小猪……各种形态憨态可掬，完全营造了一个欢乐的"猪圈"氛围。

小猪猪的空间设计秉承"空间里搭建筑体"，尝试用空间社区集成式的全新理念。虽然空间紧凑，却依然打造出了一个个小建筑体，让邻与邻之间既分开又相交，在"房子"里用餐，增加彼此感情。

小猪猪走年轻时尚人群的定位，空间采用大量的绚丽色彩，充满戏剧感，走进里面顿时血脉喷张，配上重金属摇滚音乐，所有人都会不自觉嗨起来。

工业风是当下年轻人的审美主流，但是设计师在用大量钢结构规划空间的同时又增加各种鲜艳饱满的色彩来装饰，而不是工业风一贯黑灰的冷淡色调。"因为小猪猪的群体几乎大部分都是 90 后，他们本来就是跨界、混搭的一代，那餐厅能给现代年轻人带来什么？我希望是美学和记忆力，卖萌的美学，造型上的记忆力都是我想传达的设计思想。"设计师陈林如是说。

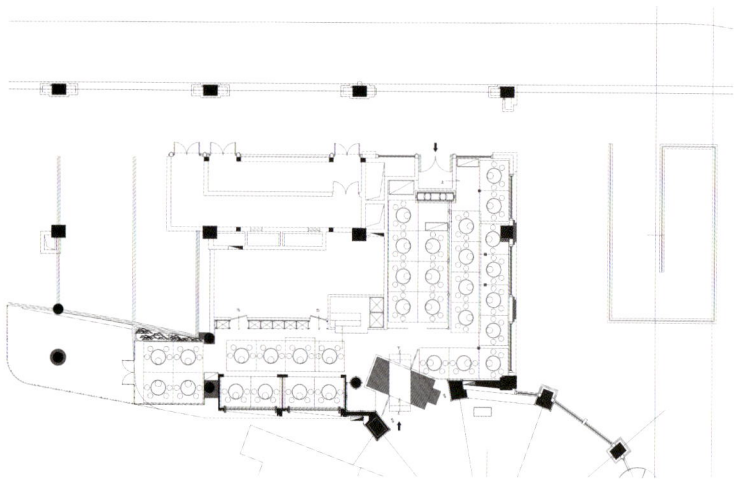

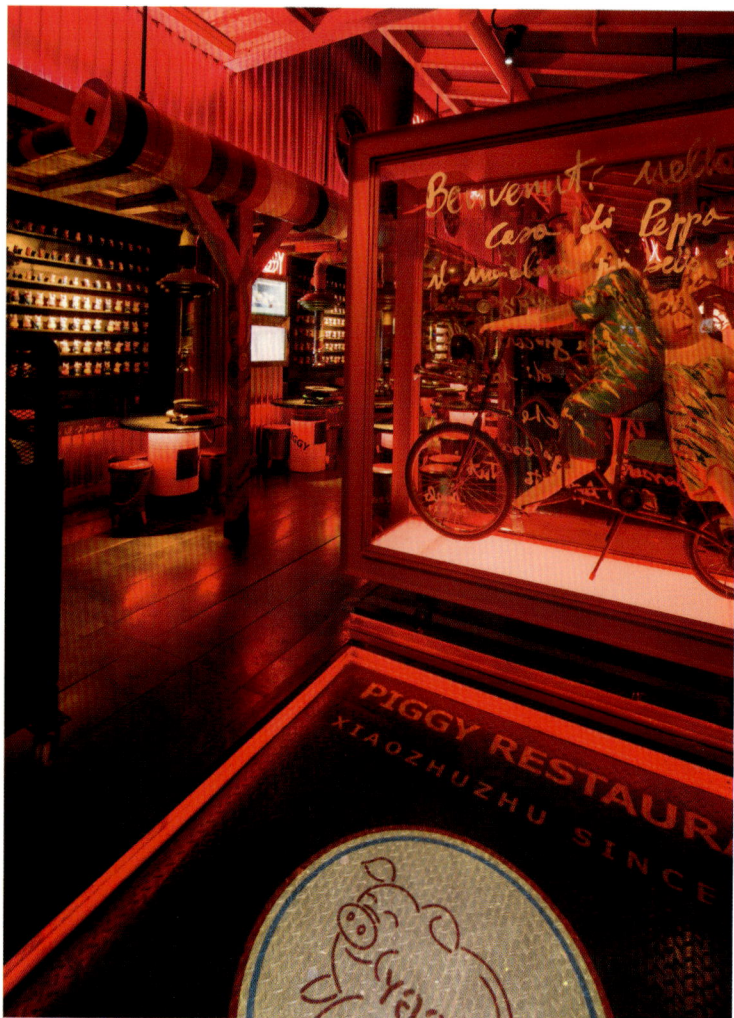

左、右1：迎客的小猪

右2、右3：顶部丰富的管道造型

左1：萌飞了的小猪
左2、右2：绚烂的灯光充满戏剧感
右1：摩登大屏

Jianghu Chanyu Sales Center

江湖禅语销售中心

设计单位：大易国际设计事业有限公司·邱春瑞设计师事务所
设　　计：邱春瑞
面　　积：800 m²
主要用材：木纹石、灰麻石、山西黑、榆木
坐落地点：江西宜春
摄　　影：大斌

没有过多装饰，简洁、清秀，却处处散发着传统的底韵，这就是本案设计最大特色。项目地处宜春市"风水宝地"，从地理位置上首当其冲占据了绝对优势：向西靠近秀江御景花园住宅区，向东毗邻御景国际会馆，南朝向湿地公园。销售中心的本体是一家营业多年的海鲜酒楼，后因经营问题便转卖给我们的客户，进入后厅的就餐区依然能感受到酒楼的气息，那么它更像是旧楼再利用和改造，充分发挥了设计师的创作能力和空间合理再利用能力。地理位置的选定同时也决定了本楼盘的定位和主要针对的客户群体，噱头的营造在某种意义上能够起到锦上添花的功效。

"室内是建筑的延伸"，这是设计师独到的见解，建筑和室内不应该是相互独立存在着，而是要相辅相成，这样的认识也是本案的成功之所在。整栋建筑分为三层，除一层主要展示空间，其余两层分布为 VIP 室、办公区和就餐区。通过"里应外合"的串联，使得设计更富有魅力。设计初期，设计师对中国传统合院式的"目"字型的三进院落进行推敲，匠心独运提炼出其最精华的元素：通过正面左边大门须穿过一段设计好的水景区域再步入销售中心正门，这样的设置，能更好的贴切中式传统庭室院落的婉约和内敛；室内空间布局主要分成三个区域，中间的为前台接待区，左边为洽谈区，右边为展厅，三大空间通过人为隔断，既各自独立存在，又融会贯通，这样的设计手法在中式传统的庭院中体现得淋漓尽致，将其运用到室内空间中也别有一番风味。

格栅作为设计的主题元素，让东方禅味意犹未尽。纤直的实木条排列在室内空间中随处可见，寓意着正直、包容、豁达、沉稳。建筑结构运用钢结构来延续这番

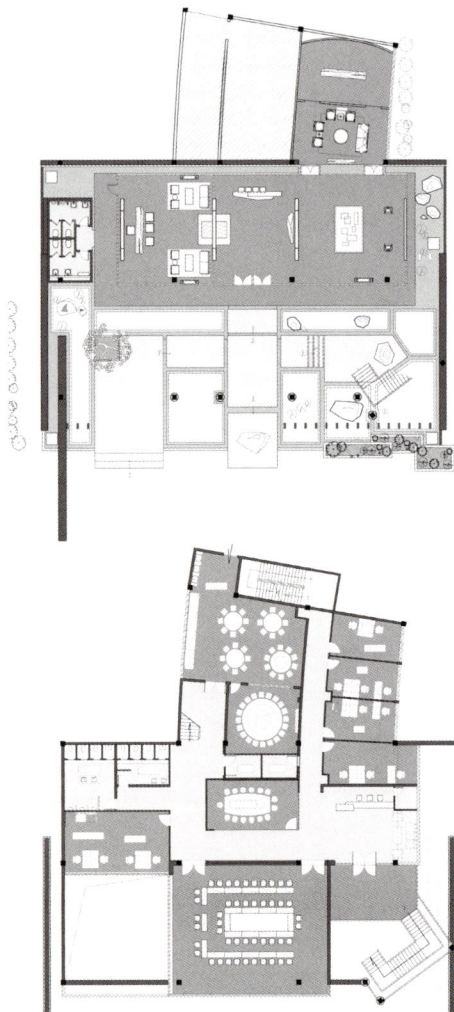

禅味，配合栽种的竹子、常青树和人造的水景，浓厚的意境呼之欲出。在设计过程中，设计师始终坚信，传统文化的表达和传递，不能仅仅只是拘泥于那些形式上的代表性符号，更重要的是神的塑造和意会。

左：外观夜景
右1：格栅为主要设计
右2：水景区

左1：品茶区
左2：纤直的实木条排列
右1、右2：大厅

Boyue Binjiang Sales Center

铂悦滨江售楼中心

设计单位：KLID 达观国际设计事务所
设　　计：凌子达、杨家瑀
面　　积：800 ㎡
主要材料：罗曼蒂克灰大理石、橄榄珍珠大理石、拉提木
坐落地点：上海
完成时间：2016年
摄　　影：施凯

项目坐落于上海张杨路与崮山路交汇处，由地产领跑者旭辉集团、亚洲高端物业缔造者香港置地两大品牌首次携手缔造。该项目是一个房地产销售中心，其整体室内空间由达观国际设计事务所负责设计。室内主要功能区域有影视厅、前台、大堂、沙盘区、模型区、洽谈区、水吧、附属空间（卫生间、小型办公室等），各功能空间互相分开，又不影响视觉美感。

左：建筑夜景
右1：从外看室内
右2：接待台

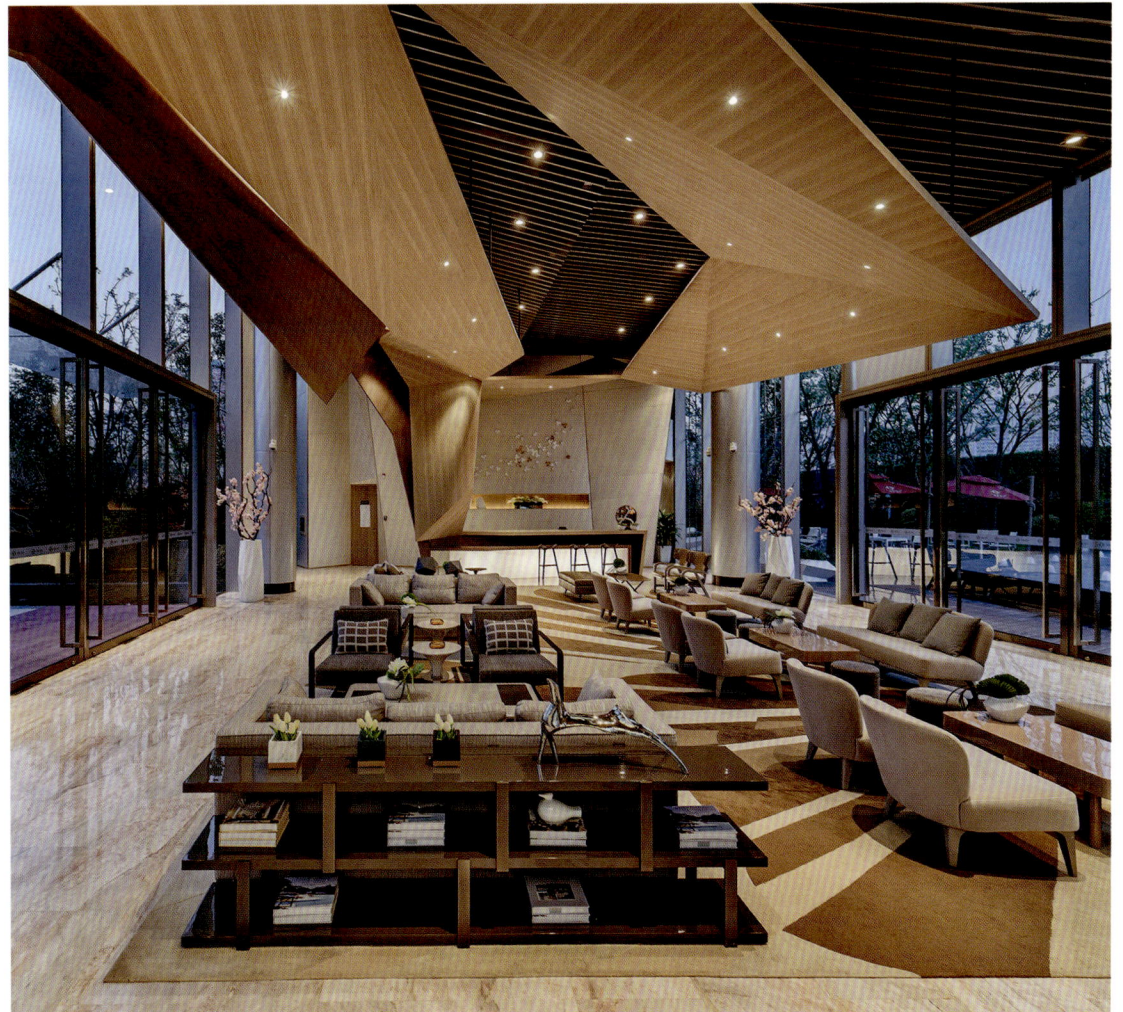

左1：洽谈大厅
左2：吧台
右1：模型区
右2：洽谈区

Tianjing Garden Sales Center

天境花园销售中心

设计单位：广州共生形态设计集团
设　　计：彭征
参与设计：谢泽坤、吴嘉
面　　积：850 m²
主要材料：金属漆、铝复合板、瓷砖、地毯
坐落地点：广州
完成时间：2015年8月

项目以建筑空间的逻辑性为线索，以"窗口"为设计的基本符号，通过不同尺度和朝向的"窗口"在满足功能的前提下形成趣味性的室内立面，大厅的"窗口墙"如同岩石壁般的造型寓予了"峰境"的象征性，并通过透明的建筑表皮由内向外传达。

项目以一个纯净的超大体量橱窗效应来应对一个相对新兴的场域，由内而外的空间逻辑，造就了区域范围内的强烈个性和整体感，形成深刻的感官印象和城市新记忆点。超大尺度的古铜色金属漆和铝板实现了空间感知的一体化，局部跳跃的亮黄色，使空间的穿越成为一场时尚有趣的体验。

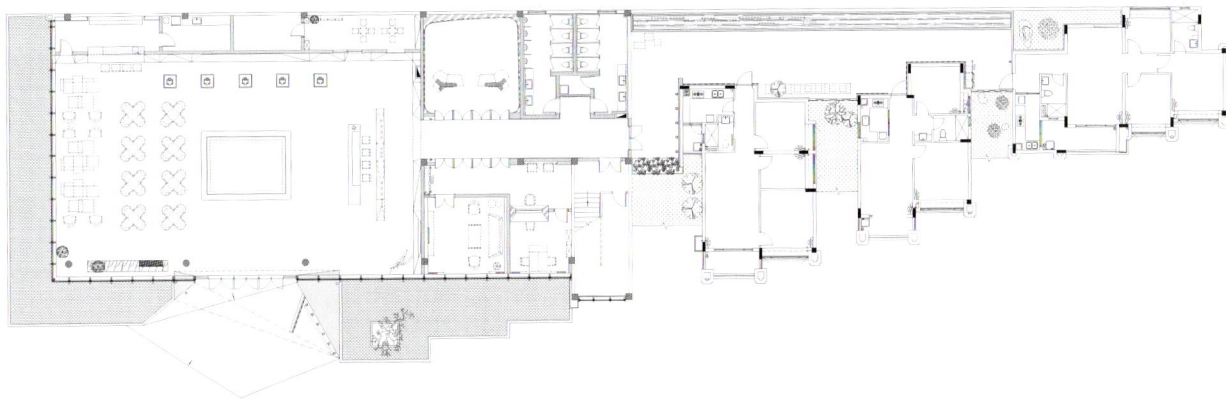

左1：建筑外立面

左2：模型区

右：局部跳跃的亮黄色，使空间的穿越成为一场时尚有趣的体验

左1：接待台
左2：过道
左3：休闲区
右1：休闲区
右2：走廊
右3：细节

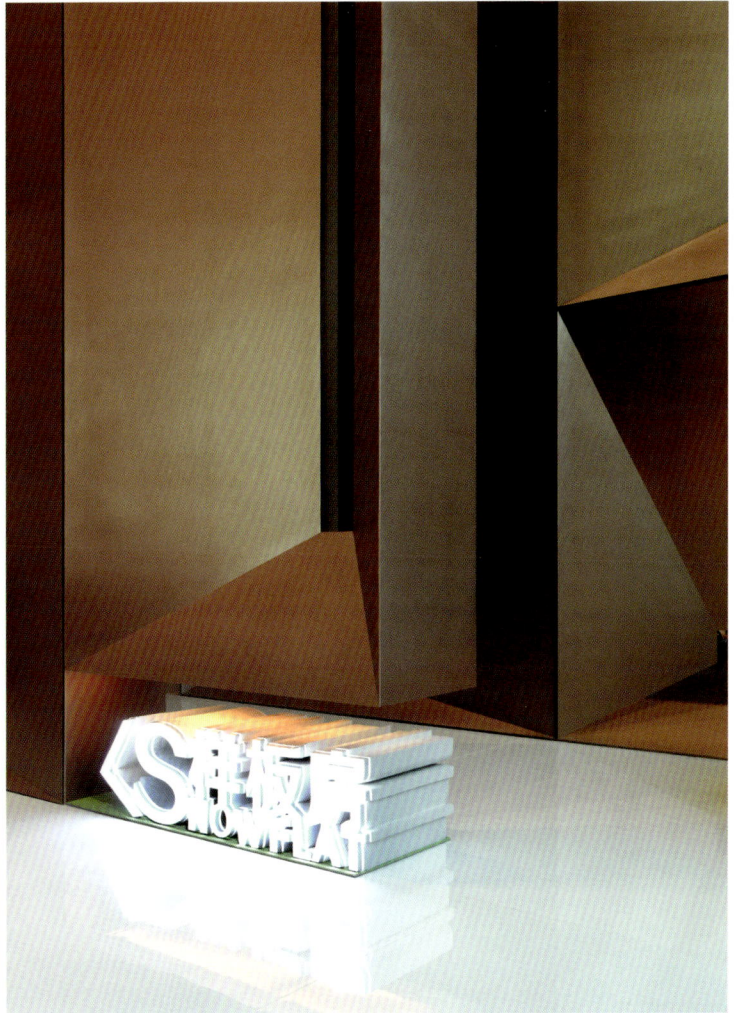

Changlong Linghang Marketing Center

长龙领航营销中心

设计单位：深圳市盘石室内设计有限公司
设　　计：陆伟英
参与设计：丁莉莉
坐落地点：杭州
摄　　影：陈维忠

项目位于江南水乡的杭州。杭州，比起不相信眼泪的北上广，它既相信眼泪，更相信梦想。这座古老而又年轻的城市，因它的宽容与柔情也让越来越多的游子回归寻找自己最初的梦想。在这杭州首个飞行主题的社区中，我们意愿打造一处媲美于杭州奥体天空之城的空间体验，向每一位进入长龙领航的人传递空间内在的价值与生命力。

如天空之城般的空间流动，给人时空穿越的幻象。云端贵族们身在云际流淌之间，在这里重拾梦想与探索世界的好奇心，体验星际穿越般的梦幻之旅。龙动云涌的空中脉络既意味着长龙航空的创新航脉，也是杭脉。

温馨、幽静的会所区域，演绎着西湖之印象，让人放松身心、静心探索梦想之旅，探幽涉远，等待风起云开，圆梦起航。

左：建筑外立面
右1：接待区
右2：贵宾洽谈室

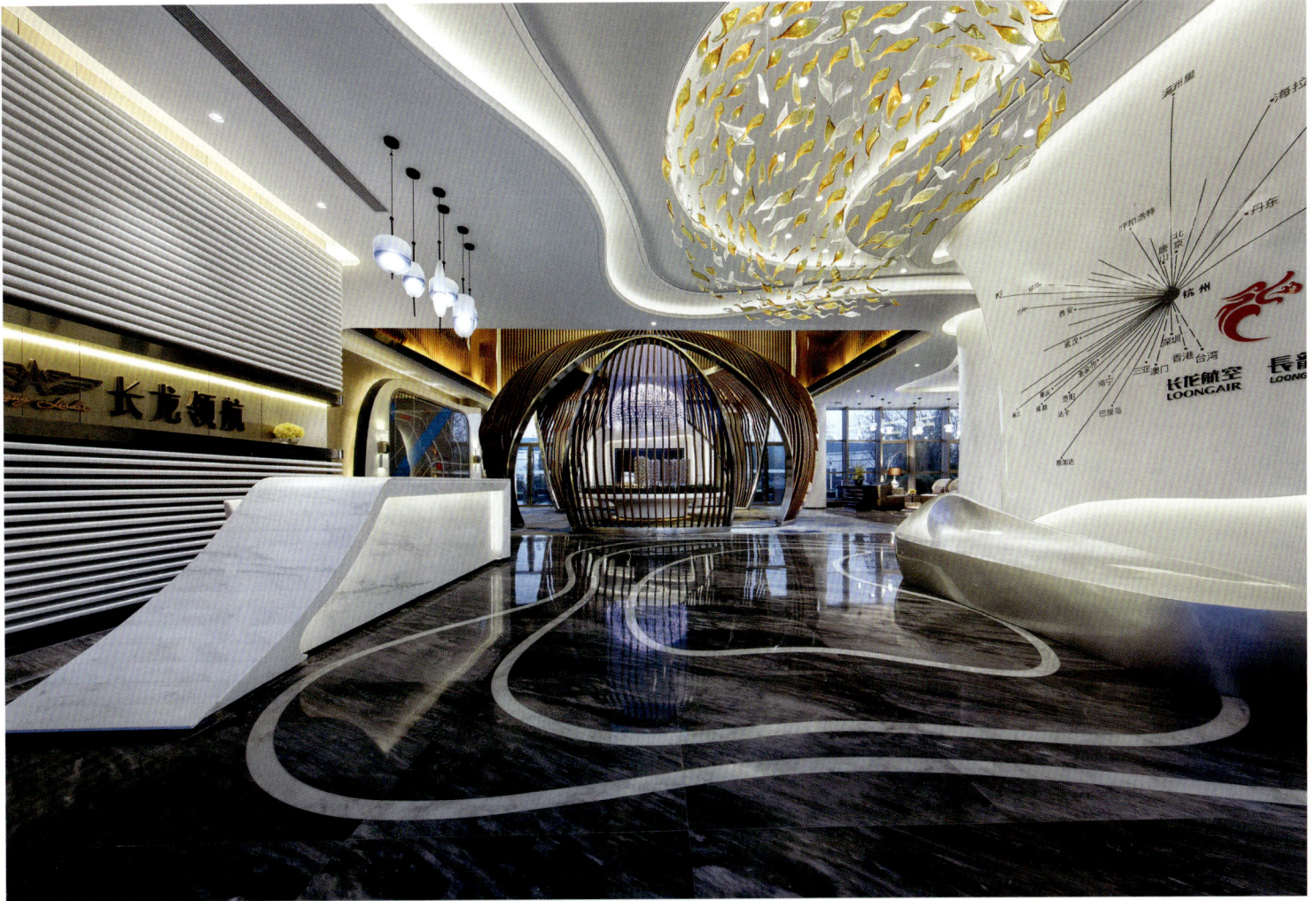

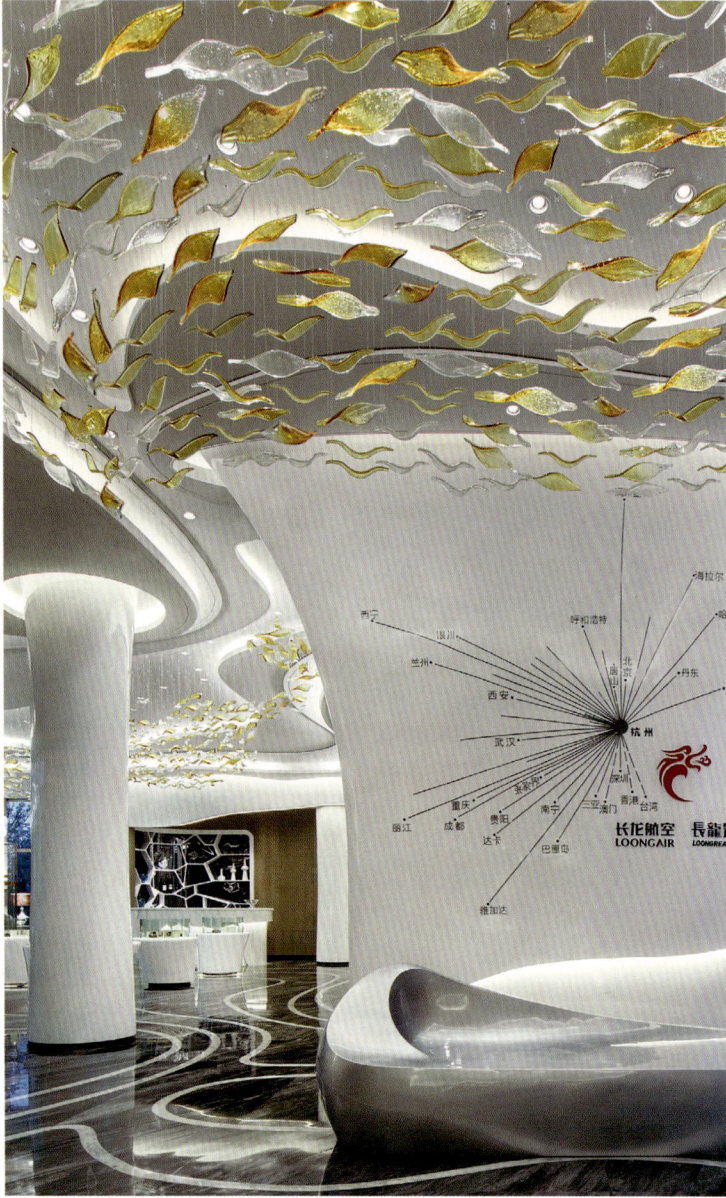

左1：如天空之城般的空间流动，给人时空穿越的幻象

左2：龙动云涌的空中脉络

右：模型区

Yunhu Sales Office

云湖售楼处

设计单位：上海无间设计有限公司&上海世尊软装机构
设　　计：杨杰
软装设计：汪玲飞
面　　积：2000 m²
主要材料：爵士白大理石、黑白根大理石、橡木洗白饰面、黑色橡木
坐落地点：成都
摄　　影：孙骏

空间的入口是整场的气韵起点，对于整个室内空间气质的定义从门的界面便开始了，一个通透轻盈门扇，把这里特有的诗性精神和艺术品结合，邀请客人们开启一场悠久历史传承、精湛技艺和独特创意的云上日子的旅程。门厅充满梦幻的旋律，用以金属铜质的艺术装置，地面以及吧台通过材质和肌理的变化重组了一个自然的气象景观，营造一个梦幻的场所入口。

进入内厅，几个层叠的楼梯，和一个自然形态的芦苇荡意境的灯光装置，玄关设立突显层层递进序列感，呼应了入口的气韵同时也连接和收放了大空间。悬挂在整个内厅上空的是元素球灯，成为空间视觉焦点，数个圆形穿插构成的球体，覆以反光材质，依靠灯光的散射剔透晶莹。

"芦苇荡"的另外一面便是云上日子的殿堂，客人行走在不同区域，会产生不一样的视觉霓虹。空中悬挂的巨型云片装置《云上的日子》与地面湖景沙盘相得益彰，俯仰之间为顾客提供了艺术互动的体验。大厅区域尺度开放有力，温润流畅的线条在空间流动穿透，云片装置和线条之间，使人仿佛有种"影纵元气表，光跃太虚中"之感。洽谈区地面采用流云和水纹样地毯，材质和形式都增强了空间的无限感，半户外的区域使空间得到极大延伸，建立了湖区与建筑的关系，垂直流畅的浅木质结构勾勒了整栋建筑的立体轮廓。

两层的建筑实现了极其丰富的空间变化，交叠的挑空、工作室、水吧、会客区、体验中心、观景露台等空间有节奏地一一舒展，与自然的结合既紧密又保持着恰当的分寸。

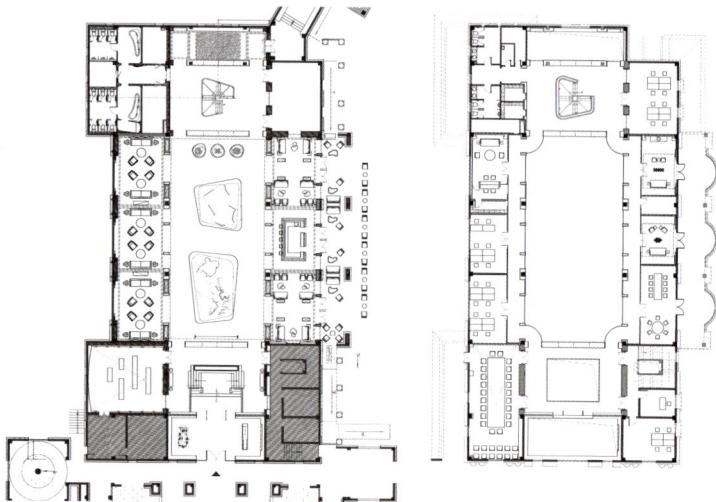

左1：接待台顶部细节
左2：模型区顶部细节
右：接待台背景

左1：过道
左2：空间局部
左3：洽谈区
右1：模型区
右2：楼梯口

Aoyuan·Yinxiang Lingnan Sales Center

奥园·印象岭南售楼中心

设计单位：深圳高文安设计有限公司
设　　计：高文安
参与设计：李琳、汪佛泉、夏前敏
面　　积：2600 m²
坐落地点：广东韶关
完成时间：2015年7月
摄　　影：阿贵

设计团队结合韶关印象岭南·奥园文化旅游城的地缘，为韶关·印象岭南售楼中心量身订做"新装"，透析韶关上下两千年历史，将汉朝名城特色和古人顺应自然的智慧，以禅意传承之势——呈现。

中庭，一进玄关，一盏高 7.5 米、直径 3.5 米的华丽水晶吊灯悬垂而下，气势折服壮丽。两边的屏风空灵淡雅，以中国传统的水墨画表现出韶关独有的地理特征，顿时，丹霞山的雄浑，三江六岸的多姿立现眼前。

穿过屏风，进入洽谈区，以白色为主，干净素雅，更适合慢语倾谈。视线从洽谈区的几道屏风延伸到深度洽谈区的鸟笼，在光与影的作用下，别致雅趣。简而至静，韵味深长。整个吧台使用深色大理石，体量感大，而外立面用火砖铺设，鲜艳的色彩打破厚重感，视觉冲击力强烈，现代感十足。与洽谈区形成鲜明的对比，朴实的斑驳木凳又呼应了中式调性，两者相辅相成，让各自风格更为突出。

二层洽谈区隔着透明玻璃，毗邻中庭华丽的水晶吊灯，恢宏气势依旧令人震撼。中式圈椅线条流动，小盆景绿意盎然，墙上泼墨随性，与体量感夸张的吊灯对比成趣，充分表现了设计的张力和空间关系，大小之间、空间的可观性与舒适性两相适宜。

左：模型区
右1：小景
右2：茶吧
右3：空间透视

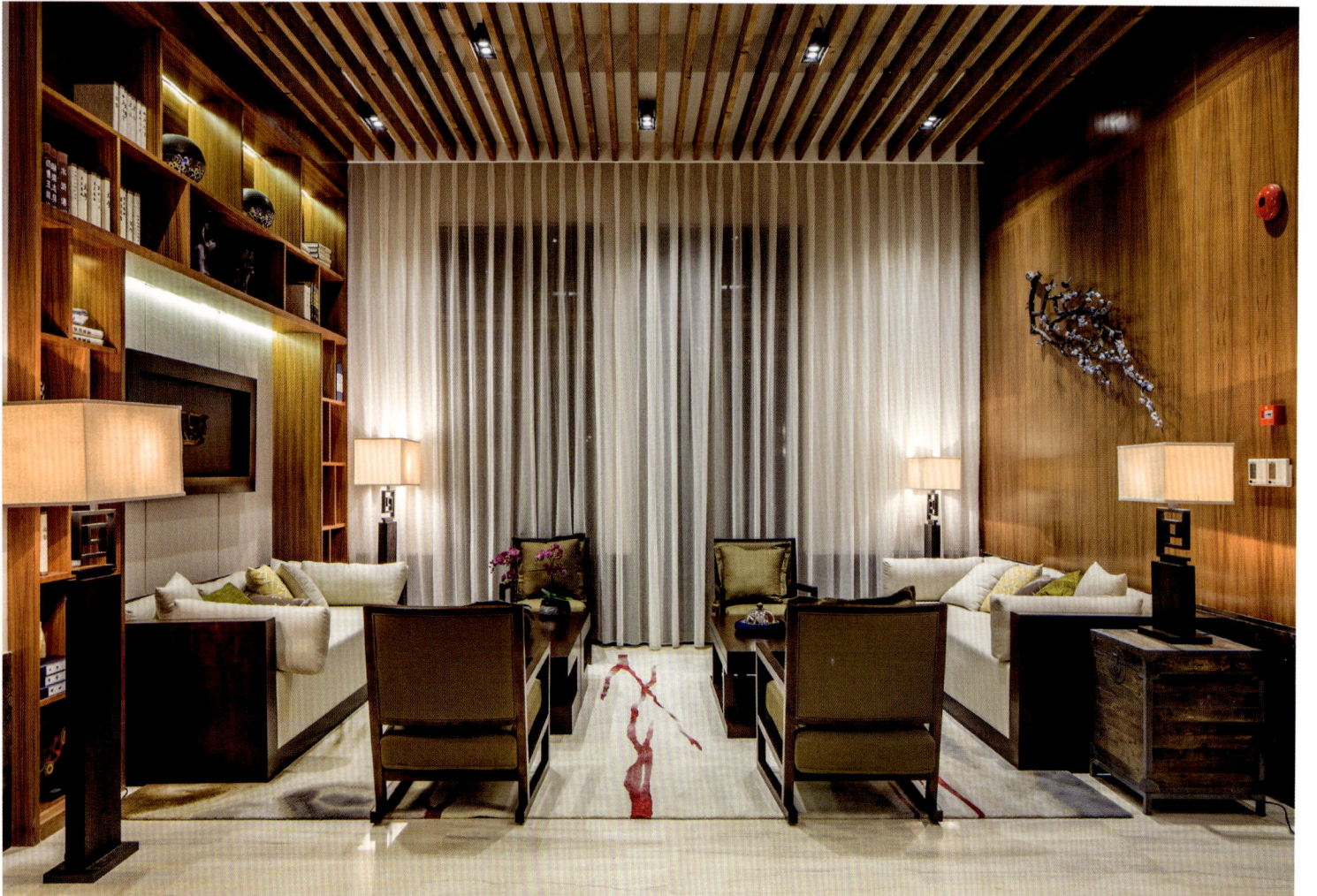

左1：等候区
左2：洽谈区
右1：书社
右2：二层等候区

Xuhuifenglu Chunzhen Center Sales Office

旭辉丰禄纯真中心售楼处

设计单位：IADC国际涞澳设计公司
设　　计：张成喆
面　　积：450 m²
主要材料：橡木实木、黑色金属板、条形金属吊顶
坐落地点：上海
摄　　影：薛钰滔

室内设计并不单纯是为了空间的塑造，更是某种情境抑或诗意的营造。旭辉丰禄纯真中心售楼处就仿佛有着灵魂，它是一颗来自森林的种子，在这里有它的朋友、家人，也有宿敌，它们上演着一个个生动有趣的故事。设计师巧妙地将这个故事通过借景、开窗、围合等手法展开，创造出一个独具生命力的方盒空间。

在空间规划中，设计师利用 6.5 米的空间高度，实现了建筑中的建筑，以单纯的原木材质组成积木式的体块，犹似方盒一般的空间，经过流线的重组，形成分合有序的趣味格局。金属植物架亦以方形为构造，借由绿色植物，形成通透的分界面，让人宛若置身植物园的温室之中。

定制的家具陈设和灯光照明改变了售楼中心一贯的空洞与缺乏个人色彩，天然触感的木材、金属与绿植，搭配柔和温暖的光线，营造出温馨舒适的氛围，现代简约的风格被注入人性化的元素。紧邻入口的创意展示架同时也是整个售楼中心的书吧，文化与商业完美融合在一起。黑色的金属与天然木饰面相结合，成为图书、创意产品、童趣、绿植的展示空间。各种场景都适合在旭辉丰禄纯真中心开展，商业洽谈、房产销售、休闲放松、临时办公、艺术展览……所有的故事吸引人们慢慢走近，在空间里找到童真、找到快乐，找到一种梦幻的可能。

整个空间呈现开放的属性，绿植与木、金属形成共生关系，设计师通过构造为空间赋予新的内涵。最终，这个通透、开放的方盒子建筑，成了人们眼中的"景观盒子"。

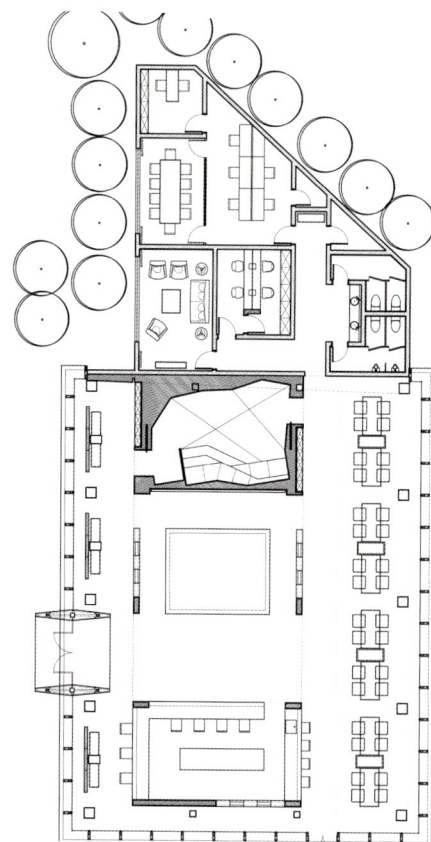

左：建筑外立面
右1：局部
右2：沙盘区
右3：休闲走廊

左1：空间透视
左2：休闲洽谈区
右1：工作区
右2：绿色景观盒子

Xi'an Vanke Baldur Sales Center

西安万科赛高悦府销售中心

设 计 单 位：李益中空间设计
设　　　计：李益中、范宜华、黄剑锋
陈 设 设 计：熊灿、欧雪婷
施工图设计：叶增辉、高兴武、胡鹏
面　　　积：1200 m²
主 要 材 料：太极棕大理石、棉麻硬包、铜色不锈钢、玻璃
坐 落 地 点：西安
摄　　　影：郑小斌

本案为西安万科赛高悦府销售中心，项目临近城市中轴未央大道，是一座涵盖住宅、高端商业、写字楼为一体的多业态城市综合体项目。销售中心位于写字楼办公层 4 层，服务于购买住宅、写字楼的客户群体。设计定位为"都会新东方"风格，希望在局限的空间内，通过轴线关系以及界面的序列感能够表达"尊贵、文化"的项目定位。在空间布局上，围绕核心筒的客户动线关系带入"厅"和"廊"的感觉，增加空间的体验感，材质的表达上更多的选用棉麻质地的硬包、开放漆的木饰面与玻璃及高反光度的石材形成对比，去表达都会感觉的新东方。

左：大厅
右1：接待厅
右2：沙盘区

左1：吧台
左2：休息区
左3：影视厅
右1：洽谈区
右2：贵宾接待室

Xiamen Bandao Sales Office

厦门半岛售楼处

单位名称：厦门嘉和长城装饰工程有限公司
设　　计：孙少川
面　　积：900 ㎡
主要材料：654花岗岩、微洞石火山岩、文化石、红松木
坐落地点：厦门
摄　　影：刘腾飞

位于厦门景州乐园悬崖上的半岛售楼处，面海临风，无疑是厦门地理环境最美的售楼处之一。钢木结构斜顶，典型的东南亚风格，颇符合厦门这座美丽的滨海之城。

室内地面采用本地出产的 654 花岗岩进行光面、火烧面处理及亚光火烧岩，这些石材全部来自工厂切割剩余的边角料，将它们通过宽窄不一的切割拼贴，构成一幅抽象的图案，普通的廉价材料做出了迥异于高档材料的特殊效果。由每根 3 米长的废弃塑料雨水管烤漆做成的灯管，高低错落的自屋顶悬挂下来成为沙盘区的吊灯，映照着下方的椭圆形的沙盘区域，就像倒挂着的垂直森林。休憩区巧妙采用了下沉式设计，客人坐在沙发上即可将视线把眼前的无边界水池与远处的大海连成一线，一览海天一色的宽广。吧台同样采用下沉式设计，以营造通透的视觉感受。

值得一提的是，项目采用的垂直送、回风系统隐藏于墙面，不仅降低施工成本，同时避免了对屋顶建筑形态的破坏，为福建省民用建筑首用。

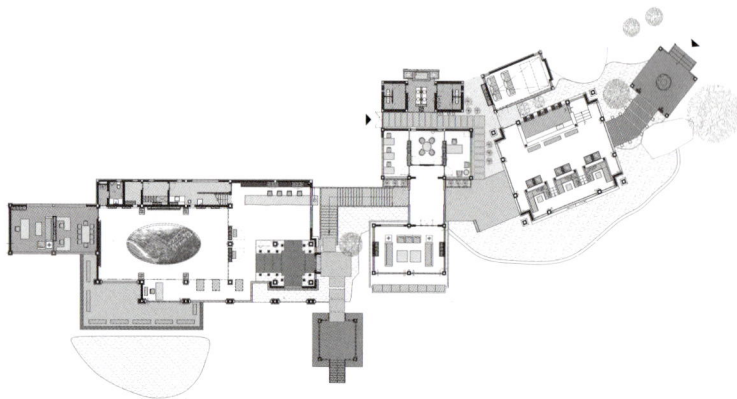

左：外景一角
右1、右2：室内外完美融合

左1：休闲区
左2：模型区
左3：VIP洽谈室
右1：户外一角
右2：进门大厅、接待台

Jiangshanyue Neighborhood Center

江山樾邻里中心

设计单位：重庆尚壹扬装饰设计有限公司
设　　计：谢柯、支鸿鑫、许开庆、汤洲、张登峰、李倩
面　　积：2000 m²
主要材料：橡木实木、水泥、水磨石、黑钢
坐落地点：重庆
摄　　影：感光映画、黄明德（中国香港）

江山樾邻里中心前期是作为地产的售楼处使用，力图将空间打造成一个有温度的图书馆，带给客户更多的参与性和对地产项目的美好期许，来实现轻松愉悦的销售氛围。建筑设计之初，室内设计便介入进来，这样，最大限度地满足了室内设计的空间要求和结构要求，使得室内空间充满变化，起伏有趣。橡木的大量运用让空间具有了温润的质感，实木、黑钢与水泥的对比使用，材料简单朴素而充满张力。

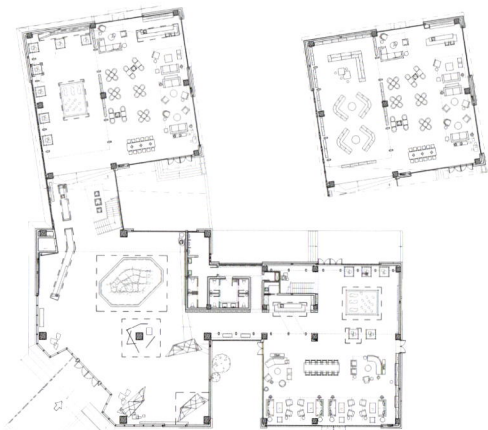

左：空间一角
右1：材质简单朴素而充满表现力
右2：休闲区
右3：阅读区过道

左1：局部
左2：过道一侧
左3：休闲区
右1、右2：楼梯
右3：会议室

China Resources Yuefu Sales Office

华润悦府销售中心

设计单位：深圳真工建筑设计公司
设　　计：程绍正韬
面　　积：1500 m²
主要材料：珊瑚洞石、安哥拉灰、白金米黄、白蜡木
坐落地点：深圳
完成时间：2015年12月

以华润集团总部大厦为核心的华润深圳湾综合发展项目位于后海中心区核心位置，用地面积8.57万平方米，计容建筑面积76万平方米。由"万象汇"、白金六星级酒店、高品质商务公寓及高端住宅等组成。该项目将与相邻的市新科技馆统一规划、设计并与华润深圳湾体育中心"春"有机融为一体，建成后将成为深圳未来滨海CBD核心区功能最齐全、业态组合最丰富、位置最显赫的高品质现代都市综合体，成为代表深圳海滨城市形象的新地标和新名片。

我们在打造悦府项目时，更希望让住宅回归生活本真，从始至终我们想要设计的是当代意义上的豪宅——好宅、雅宅。

让心灵体会气韵生动的幸福。我们提倡"像蝴蝶一样生活"，用美学的态度去处理空间的每一个细节，并赋予每一种生活机能充满高度的人文关怀的喜悦与使用情趣，最终形成回归本真的生活作品。悦府给我们呈现的便是充满现代简约、充满人文气息，同时与室外都会生活相融合。

选材上，我们不仅苛刻取材，更追求材质与空间和谐交融，选择适当的材料经过特殊的工艺处理，最终形成材料与空间的对话。使我们在触摸材料的同时感觉墙壁有了一层皮肤般，让室内的环境可以自由呼吸。

左：接待台
右1：样板间外景
右2：样板间外立面水景

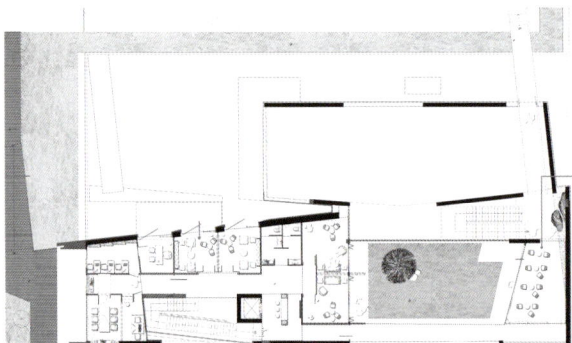

左1：营销中心过道
左2：售楼处过道
左3：样板间客厅
右1：营销中心外景
右2：售楼处一角

Three Gorges Cultural and Creative Industrial Park Sales Center

三峡文化创意产业园销售中心

设计单位：品辰设计
设　　计：庞一飞、邓书鸿、王翼
面　　积：1245 m²
主要材料：雅仕白、土耳其灰石材、玫瑰金镜面
坐落地点：重庆

项目地处重庆万州江南新区，坐落于万州城区中轴线上，是万州行政中心、文化中心与新中央商务区所在地，其品质，与万州城区气质、项目定位一脉相承。万州地处重庆东北部，长江上游中心城区，亦为三峡库区腹地核心。其独特的地理枢纽地位，令其不同于重庆周边其他城区，城建广阔、人口众多，似乎她更像一座繁华城市。

峡之腹心，城之未央，她开放、包容，具有不容小觑之气场。她温情、舒适，又极富时代新意，这是对生活姿态的包含、延续。

灰白二色石材的运用，洗练空间整体质感，玫瑰金镜面，缓和灰色主调的冷峻，上下不羁的笔直线条，让空间挺拔恢弘，玻璃幕墙凹凸整体视觉，空间构造也因此得以更多释放。休憩区加入木作阶梯，独具创意且散发温情质感，一米阳光温暖露台空间，点点绿植悠然其间，以"新"之作，肆意城市浮华。

左：休闲露台
右：大厅

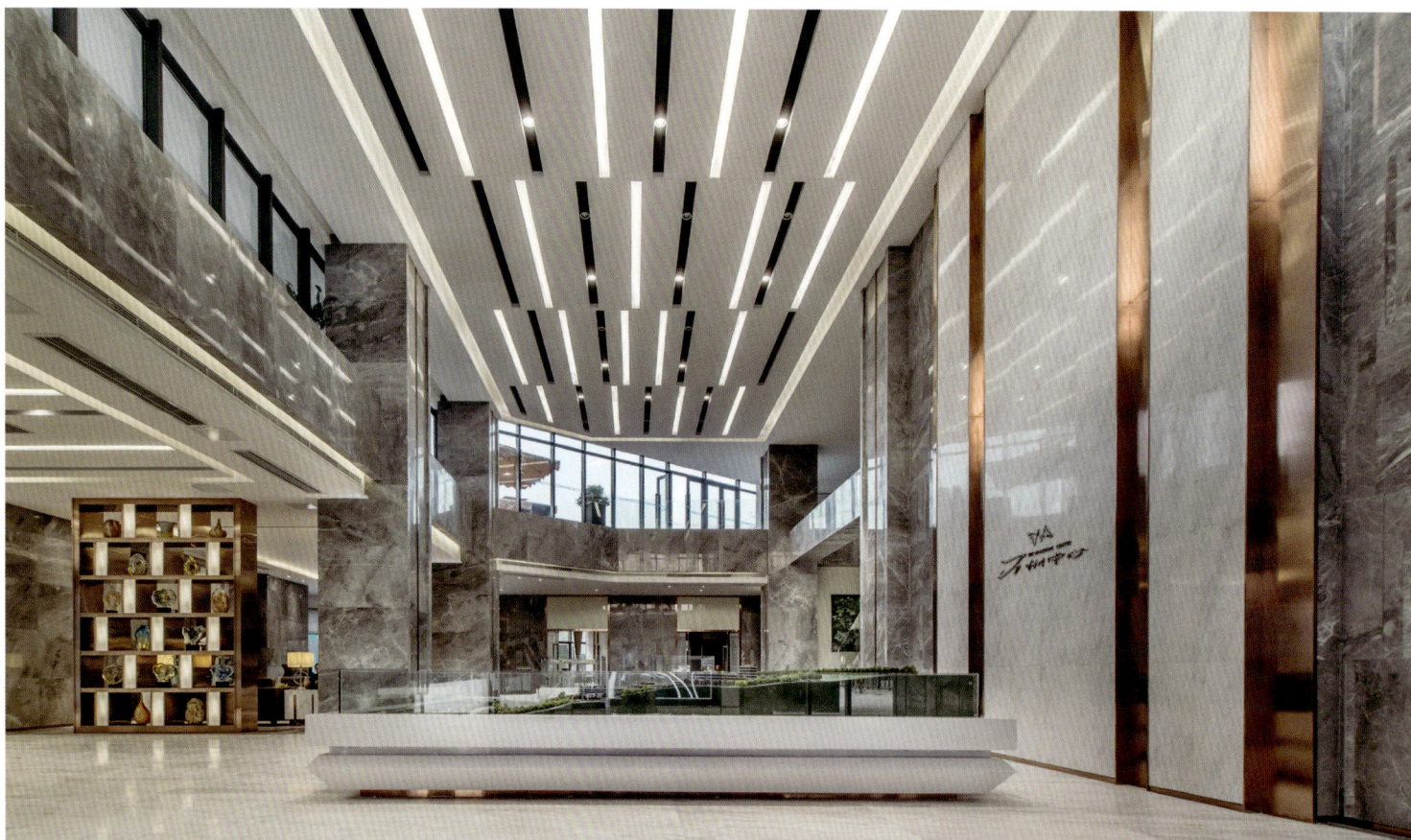

Xi'an Financial Center IFC Sales Center

西安金融中心IFC售楼中心

设计单位：RWD
设　　计：黄志达
面　　积：516 m²
主要材料：大理石、地毯、墙纸、装饰布艺
坐落地点：西安
完成时间：2015年9月

项目坐落于古城西安，秦腔、古城墙、醇厚的历史文化传承都是这座城市的符号，我们取意东方禅之"静"，创造出"静、色、形"一体元素的联想，在整体设计中，将其转化为空间的氛围意境，加以现代的设计手法表现，造就"东方风骨"与"西式气质"的巧妙契合。

一进入售楼中心，正中即见设计用材上的伏笔，完整的木质天花与无拼花大理石共同营造出 IFC 的项目气势，顺着来宾的视觉动线，将沙盘安置在左侧，转右马上可以入座开始咨询洽谈。一层洽谈室整体融合、藏而不露的东方气质，将主色调的净藕色与橙、绿配色衬托得恰到好处。整体 VIP 室在外空间的米白主色上进行延续，保证了视觉上的一体性，低奢的暗香槟色沙发单椅与长沙发抱枕的跳色是一次品质的对视。

转角通往二层的楼梯处，设置了一棵纯色白漆装置树，仿佛预示着空间从东方氛围转向了西式的潮流。来到二层重点区域，在入口处设计了线条极简、质地纯粹的若干艺术装置小品，让来宾从视觉思维马上发生转向。整个二层空间借鉴了"港式银行的多功能 ROOM"布局，多以分隔开的独立小房间为主，在保证洽谈私密度的同时，让来宾感受到一种难能体验的尊贵感。

整体空间除去净色不作过多装饰的墙面与简约的设计线条，四周以艺术挂画与陈设饰品来表现禅境，一切不仅是为设计之美，更多是为功能所用，亦呼应了主题"精睿禅境"的精髓所在。

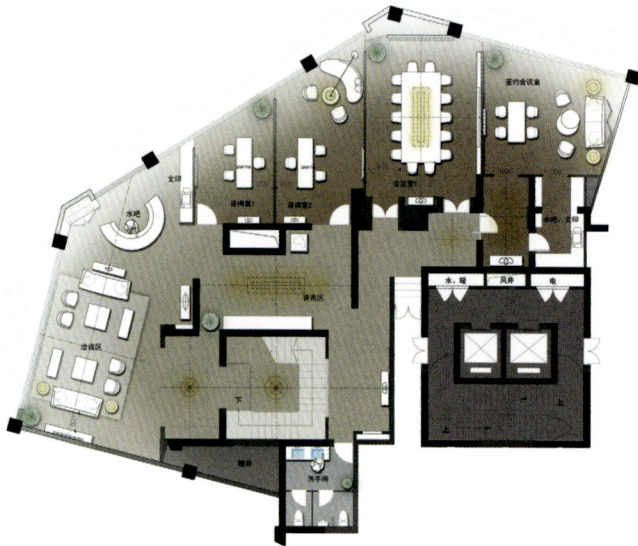

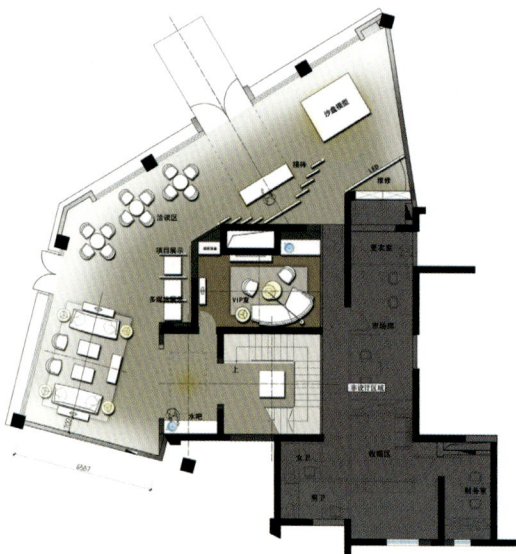

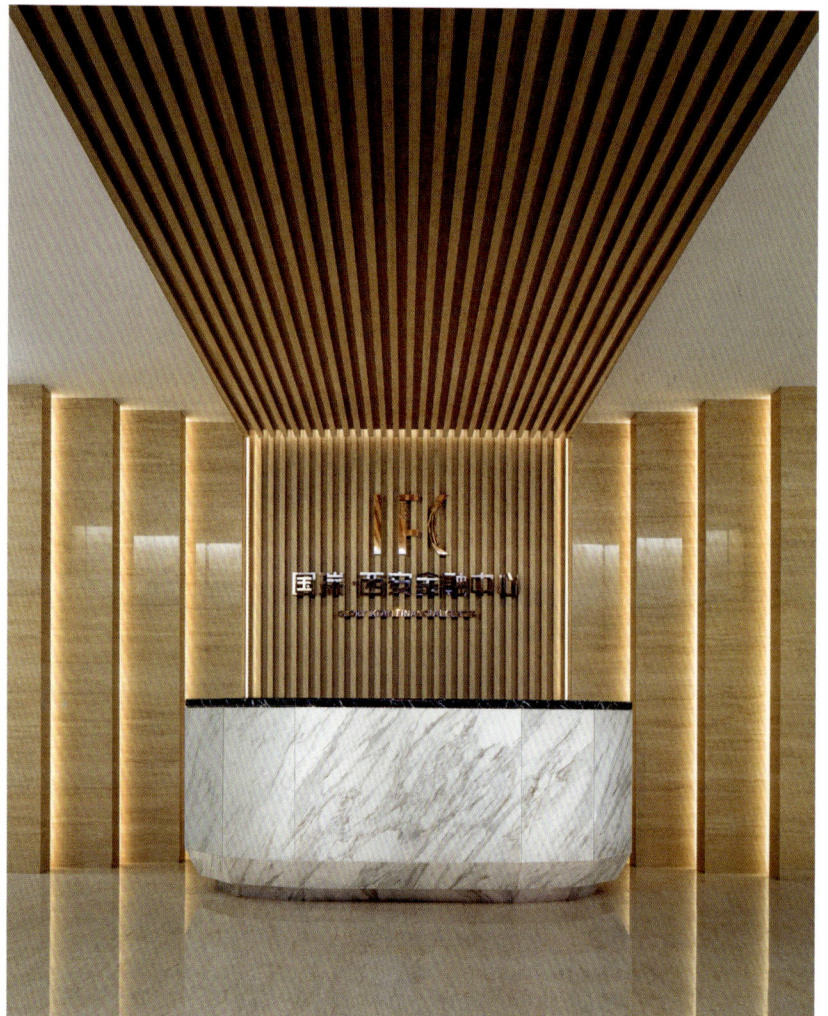

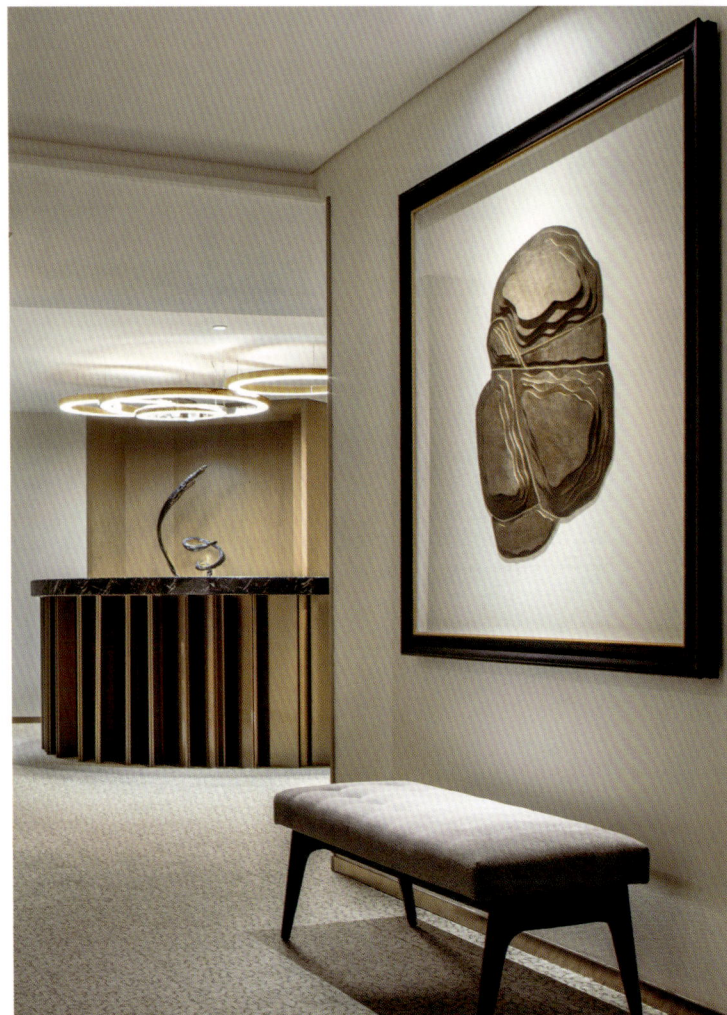

左1：楼梯小景
左2：二层过道小景
右1：一层VIP室
右2：二层签约室

Huafa • Zhongchenghui Wuhan Marketing Center

华发·中城荟营销中心

设计单位：深圳市朗联设计顾问有限公司
设　　计：秦岳明
参与设计：肖润、何静、阳雪峰
面　　积：1286 m²
主要材料：直纹白玉、树脂板、木饰面、皮革、不锈钢
坐落地点：湖北武汉

不想脱离武汉去臆造一个毫无关系的风格，所以我们对在地文化进行了深度考察。东湖雨后湖面泛起的涟漪激发了设计师灵感，也让我们找到了答案——水。江河纵横、湖港交织的武汉，水，既见证了它的繁荣与发展，也滋养孕育了它几千年的历史人文。这一次，我们意图营造的，是一个以水为题、润物无声的自然空间。

水的性格，化在动静之间。因此，如何演绎它并将其自然地融入空间成为了本案的设计要点。于是，我们将室内外的实体水景，空间的屋顶、墙面、屏风，抑或是灯具和艺术装置、壁画、摆件等，都活化为"水"的载体。那些提炼过后的"水"之意向，便在不经意间唤醒来访者内心深处的美好涟漪。

入口两侧，设置了延续室内外的水景，希望借此在热闹都市中营造一种"复得返自然"的静谧之感。在空间的立面处理上，白玉石墙面细腻的水波纹，与上部横向线条变化部分形成"涟漪"纹理相呼应，有如湖面投进了几颗石子。层层递进，引人驻足、遐想。

室内灯具设计，我们着重凸显"水"的律动质感。接待大厅聚合有致的组合灯具如清晨的露珠，同时亦具有强烈的导向性，在空间自然流动。而模型区上方的组灯，则如倾盆而下的太阳雨，瞬间将视线引向中心模型，使其变为全场焦点。

相对于其他空间，洽谈区的设计更加注重营造内心与情感的交流与对话。以艺术装置和屏风区隔的洽谈区，动中有静，既现代又传统，逼真地诠释出水的精神和底蕴。水墨意境的绢丝隔断屏风，将"墨即是色，水晕墨章"、"象中有意，意中有象"的水墨意境向我们铺展而来；而灵感源于台湾云门舞集的现代舞剧——《水

月》的大型艺术装置悬挂其中，灵动舒展的线条犹如水在阳光下舞蹈，形成强烈的视觉符号，化成洽谈区的点睛之笔。

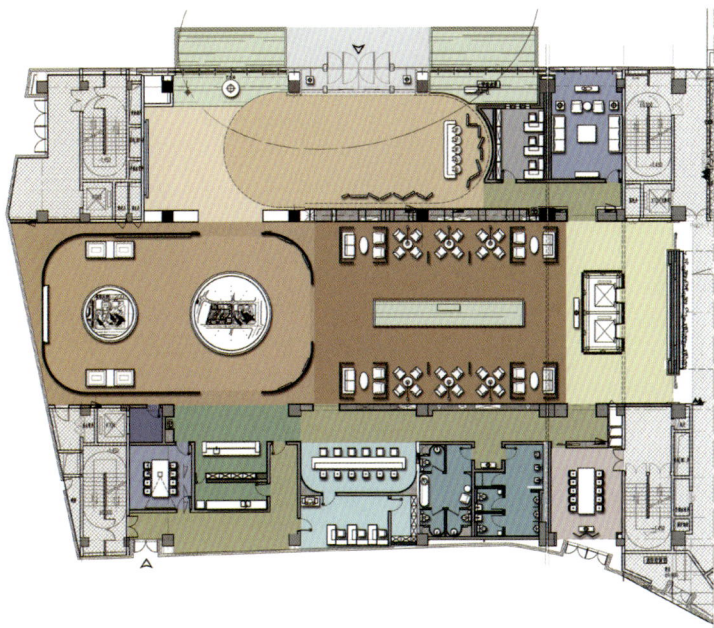

左：入口接待区

右1：洽谈区动中有静，既现代又传统

右2：模型区上方的组灯，如倾盆而下的太阳雨

Xiashili Sales & Exhibition Center

硖石里销展中心

设计单位：杭州典尚建筑装饰设计有限公司
面　　积：600 m²
主要材料：天然石材、深色木作、艺术玻璃、墙纸
坐落地点：浙江海宁
完成时间：2015年7月

本案位于浙江海宁，为一某置业硖石里项目售展中心，由接待大厅、展示区、洽谈区、办公区等组成。整个空间大气却又不失精致细腻，山水纹的天然石材，中式菱格的隔断，抽象水墨图案的艺术玻璃等材料的运用无不体现着东方韵味，呼应着硖石这个"两山夹一水"有着深厚人文历史的地方。

正是：
菱歌清唱棹舟回，树里南湖似鉴开。
平障烟浮低落日，出溪路细长新苔。

左：户外走廊
右1：中式菱格隔断
右2：空间透视

左1：局部
左2：接待大厅
右1：VIP洽谈室
右2：洽谈大厅

Jindi Xixi Fenghua Sales Office

金地西溪风华售楼处

设计单位：杭州易和室内设计有限公司
设　　计：李丽、傅庆州
面　　积：736 m²
主要材料：树脂琉璃、古铜、夹绢玻璃、绢丝手工墙绘
坐落地点：杭州
完成时间：2016年5月

项目坐落于杭州西溪，在极富江南水乡的气韵中，设计师以新东方韵味为宾客们倾力打造一个兼具心灵归属感与文化情怀的体验之所。在售楼处启动初期，设计师便精心勾画，与建筑、景观、幕墙等各专业紧密配合，向人们阐述了室内外中式文化元素浑然一体的概念。大到建筑与户型格局的优化，景观的神态、路径的铺设，小到山水、石头的摆件等，设计师力求与室内空间装饰调性等遥相呼应。

沙盘区，用东方美学的逻辑来思考当代的设计语言，更时尚、更艺术，当然也更具情怀。朱砂红钢琴烤漆板与高级灰天然大理石的完美搭配，并以古铜点缀，彰显整个空间恢弘高雅品质。墙面精美绝伦的树脂琉璃和地面大理石交织，相互凝视，呼应，共鸣，视线所到之处弥漫着风华绝代的新东方气韵。特别定制的大型吊灯盘踞沙盘区上空，与建筑原有通高中空结构互相结合，巧妙营造了空间内光与影的曼妙效果。

步入洽谈区，别具匠心的落地窗设计是室内的一大亮点，通透的落地大玻璃窗令室外绿意盎然的自然风光一览无余，自然光线随着时间在室内投下丰富光影，使内外空间得以延伸和渗透。墙面装饰，设计师别出心裁把画作为背景，并结合著名国画大师张大千的山水画和现代琉璃材质，实现了更时尚的东方美学及文化氛围。坐在质感十足的弧形沙发上，伴随着自然光和室内光的糅合摄入，犹如进入了世外桃源，让人心旷神怡。

移步VIP休息室，即见设计师在细节处理上的用心，一盏盏水珠状的小吊灯，轻盈灵动，与背景的水墨山水画勾勒出一幅生动的江南烟雨图。

左：建筑外立面一角
右1：水景与建筑相融合
右2：户外

左1：模型区
左2：洽谈区一角
左3：接待台
右1：VIP休息区
右2：洽谈区

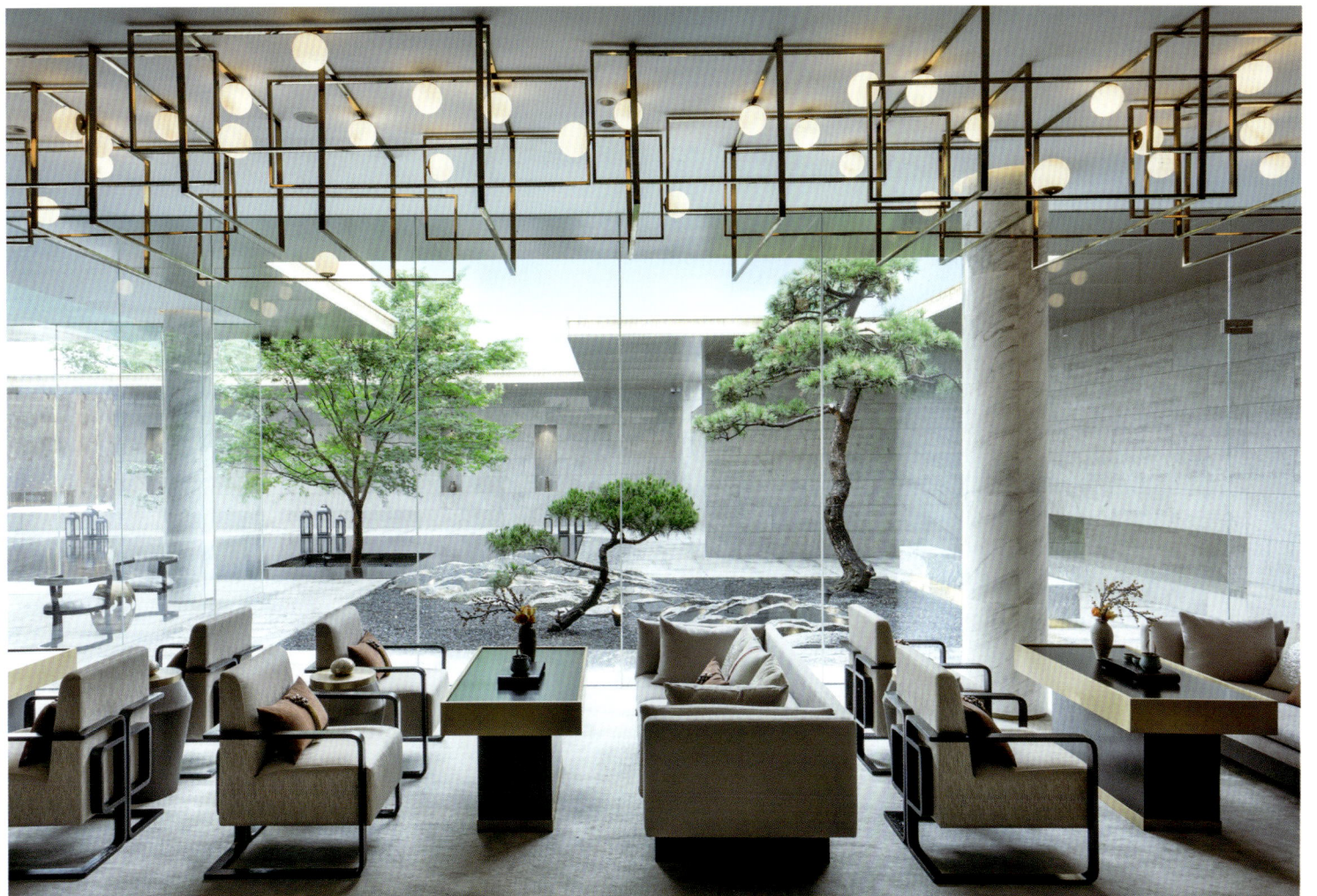

Jinmao Bay Commercial Villa

金茂湾商墅

设计公司：PINKI DESIGN品伊高端别墅设计
设　　计：刘卫军、袁朝贵
面　　积：420 m²
主要材料：大理石、墙布、木饰面、工艺玻璃、金属
坐落地点：广州
完工时间：2015年10月
摄　　影：江河、文宗博

身处繁华都市太久，便渴望一丝静谧的身心归处，阳光、茶香、听风、听雨，你应该享有这种姿态，生活的诗意而满足，睁开双眼，看到的便是美好。在繁杂世俗生活中，多留些时间读书，安静下来，徘徊在屋里时，那些鱼儿、花朵、枝蔓、尘埃和阳光能给人以慰藉。

家的思念写在里面，一个转角一场邂逅，小船、光影、秋叶、诗歌，载我们进入梦里的天堂。一个小小的角落，那是通往故乡的记忆，外婆婆娑的背影，窗前的烛光，栅栏里的小鸭，林子里的灯笼，还有夕阳下的霞。荷风三两，美月一轮，我与风月对望，饮茶、赏花、研墨、落笔。花至半开，茶饮半盏，恰如其分的情意，便是最好的境界。

婚姻最好的状态就是彼此成就对方，彼此滋养对方，让对方变成更好的自己回馈给对方，这就是最好的爱。一个小小的空间，清萧纵横，弹指四十年载，细品当年的似水年华。在这儿灵魂滋养之处，与爱人道一句细语轻言，微笑拂面，聊聊女儿，叙叙家常。

每一处，每一景，都是一段小小的故事，你有爱过的人吗？你还记得第一次甜蜜的亲吻吗？还记得儿时的玩伴吗？我们可以做朋友吧，今天我把我的故事讲给你听，如果没有遇见你不会了解，这里有我的挚爱，这里有我的的回忆，这里有最美的相遇，也有最好的懂得。

有时候我觉得自己该向一个艺术家去生活，不管别人投以什么样的目光，我就是我，做自己想做的事，欣赏着孤傲的自己，在作品里表达自己的态度，其实我们又何尝不是把这个项目当做一件艺术品，在里面释放自己孤独，寻找自己心灵深处的根。如果你问我哪里是精神家园，我想告诉你：其实就在你自己的内心。

我们将这份生命的礼物送给你，也把生活的感动送给你，这份礼物是我们对生活最细腻的感知，也是与精神最直接的对白。

左：夹层小景
右1：宴会厅
右2：会客厅

左1：夹层过道
左2：书房
右1：卫浴间
右2：主卧书房一侧
右3：主卧

Hualian Urban Panoramic Sample Room

华联城市全景样板房

设计单位：大易国际设计事业有限公司•邱春瑞设计师事务所
设　　计：邱春瑞
面　　积：127 m²
主要材料：意大利木纹、大花白、黑钛金、伦特黑、灰玻
坐落地点：深圳
完工时间：2015年10月
摄　　影：大斌室内摄影

室内设计采用偏台湾风的中式风格。整个设计以木色为主色调，搭配黑、白、玉兰三种颜色，整个环境笼罩于一种古色古香的氛围，而黑、白大理石的搭配加上黄铜的点缀，空间给人一种稳重大气之感。

玄关、茶室、客厅、卧室之间的连接自然契合，充分体现了空间的合理性以及动线合理的便捷原则。在整体设计中，木的竖格栅大量应用，使得整个房间充满浓郁的古典情调。茶室造型古朴的原木桌、椅配以古代沏茶用具，加上白瓷花瓶和几支含苞待放的红梅，还有玉兰色的瓷制小壶以及高脚木凳上的迎客松，一切都遵循古人的审美原则，置身其中，仿佛自己身上也沾染了几分古人的淡泊宁静。

客厅，大理石、原木桌椅、布面沙发的组合，古典中凸显时尚，质朴中彰显高贵，黑、白、木以及玉兰色的色彩组合，对比强烈，夺目而不刺眼，体现主人雅而不凡的审美。主卧的原木墙壁和原木衣柜配以布艺大床、陶瓷花瓶、鲜花，再配上两盏暖黄的玻璃纱灯，在古典中透出一点小浪漫，在优雅中体现家的温馨。浓郁而不失简洁的中式韵味，有格调，有质感，在体现户型空间感的同时，营造了良好的展示氛围。

左：空间透视
右1：餐厅一角
右2：客厅

左：茶室
右：卧室

Huijing Urban Valley Villa Sample Room

汇景城市山谷别墅样板间

设计单位：广州共生形态设计集团

设　　计：彭征

参与设计：彭征、陈泳夏、李永华

面　　积：320 m²

主要材料：大理石、烤漆板、硬包、不锈钢

坐落地点：广东东莞

作为日益稀缺的别墅资源，本案针对莞深目标客户打造小户型联排别墅，项目位于广东东莞与深圳交界的清溪镇，清溪拥有得天独厚的山水资源，是一个鲜花盛开的地方。设计以"阳光下的慢生活"为主题，希望将项目的地理位置、建筑户型等优点通过样板房淋漓展现。

一层的起居空间充分沐浴着明媚的阳光，室内外的空间通过生活场景的设置有效交互，尤其是室内向室外扩建的阳光房，成为传统功能的客厅与餐厅之间个性化起居生活的重要场所。设计摒弃客厅上空复式挑空的传统手法，使二楼的使用空间最大化。顶层的主卧不仅设有独立衣帽间、迷你水吧台，还拥有能享受日光的屋顶平台与按摩浴缸。

厌倦了都市的繁华与喧嚣后，需要一份简单与宁静。设计摒弃了复杂的装饰、夸张的尺度以及艳丽的色彩，沉淀下宜人的尺度、明快的色调以及材质典雅的质感和空间中能容纳想象与可能性的"留白"。在城市山谷的午后时光，风夹带着阳光和泥土的芬芳扑面而来。

汇景城市山谷别墅样板间

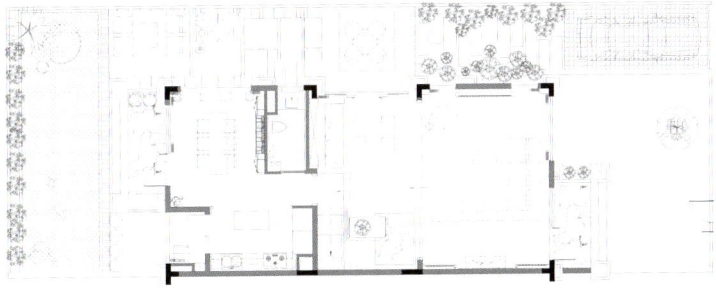

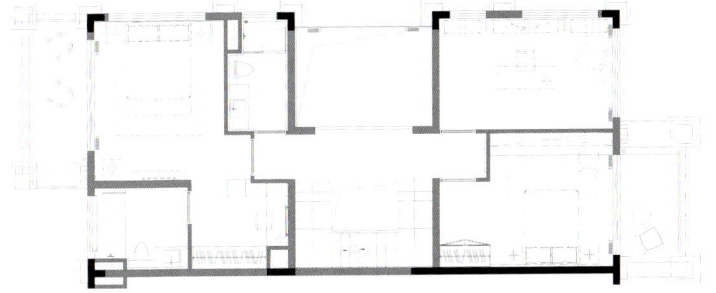

左：客厅
右：餐厅

左1：楼梯
左2：局部
右1：卧室
右2：卫浴间
右3：休闲露台

Urban Huacai · Shangguan Jiayuan Garden Sample Room

都市华彩·尚观嘉园样板房

设计单位：硕瀚创研

设　　计：杨铭斌

面　　积：75 m²

主要材料：金箔、乳胶漆、高清喷画墙布

坐落地点：佛山

完工时间：2015年10月

摄　　影：杨铭斌

空间以一种清晰明了的方式分割，一边涂抹了金箔的区域，另一边却以全白的空间来对比。个性化、精准且大胆的色彩运用，是这个案例的特色所在。对这个住宅的示范单位来说，设计师希望创造"一切可能的色彩"，如同创造一切可能的生活一样。设计师还采用一惯的空间处理手法，并认为空间不一定是平面的，错落有致的设计增加许多层次变化。

左1：细节

左2：客厅一角

右：客厅

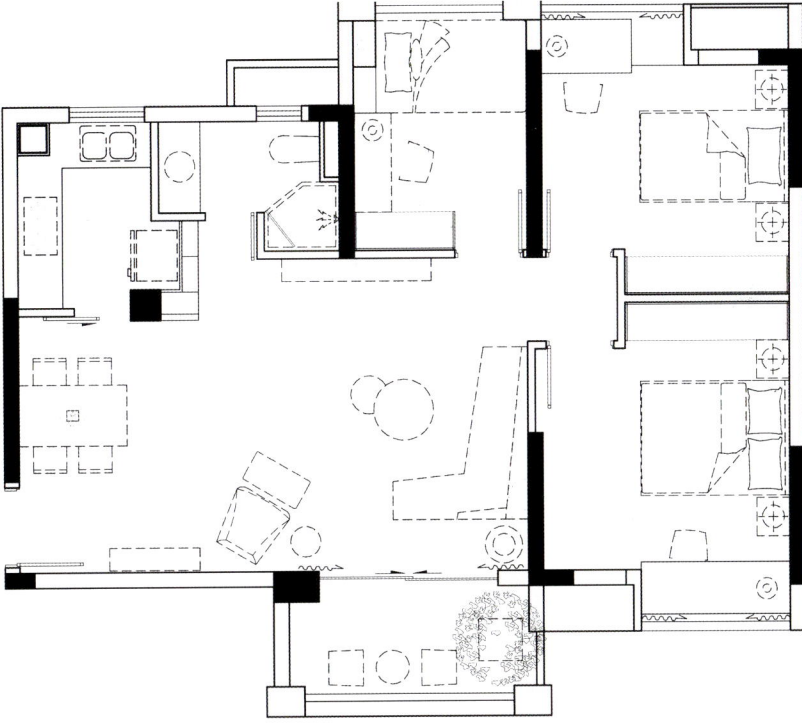

Changlong Linghang 90m² Sample Room

长龙领航90户型样板房

设计单位：深圳市盘石室内设计有限公司
设　　计：陆伟英
参与设计：丁莉莉
面　　积：90 m²
坐落地点：杭州
摄　　影：陈维忠

少年时的梦想，常被认为是妄想，不被认可，甚至被嘲笑，但自己的梦想坚持了只有自己知道，我们做着自己喜欢的事情，独自走在路上乐此不疲。说来也巧，儿时对天空的向往如同一种寓言，命运将我们引向飞行。当年只在心中勾画的梦想，如今像新生的叶子一般，娇嫩又充满着生机，它已准备好挑战风霜雨露，迎着朝阳，抱着超越平凡的执着，圆梦高飞。勇敢放飞的梦想，它是超凡脱俗的，是无拘无束的，让我们凌空俯瞰大地，开启新的生命之旅。

"翔·梦"户型的设计初衷亦是如此。"非淡泊无以明志，非宁静无以致远"，虽无绚丽的彩虹，但它宁静而浩瀚，朴实无华中带着与众不同的浪漫。这里是"逐梦者"的飞翔乐巢，这里有他们美妙的梦想与渴望的世界。他们追求的不止于简单的飞翔，他们要享受着临空带来的乐趣，愿在心旷神怡中自由飞翔、透过云端俯瞰大地山河，飞得更高、飞得更远。

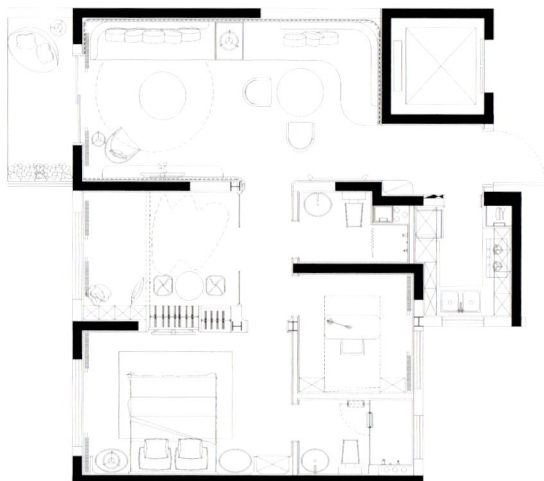

左：过道
右1：客厅局部
右2：客厅

左1：空间透视
左2：卧室
右1：细节
右2：卫浴间

COFCO Ruifu 500B Villa

中粮瑞府500B别墅

设计单位：上海无间设计有限公司&上海世尊软装机构
设　　计：杨杰、张菲
参与设计：胡竞春
面　　积：1500 m²
主要材料：爵士白大理石、黑白根大理石、混水板、仿古铜
坐落地点：北京
完工时间：2015年6月
摄　　影：孙骏

将东方哲学与艺术融入设计之中，尝试着找到能与当下中国精英对话的空间语境。这种诗意般的动线规划，不仅令空间架构充满端庄的仪式感，亦形成人、自然、建筑空间、合和的价值观。

内院以传统的合院三进式层递关系为设计理念，让小品式玄关、挑空采光天井以及拥有无敌露台的客房各得其所，共同营造了三室合和之态。而穿插于空间之中的山石流水，亦是将东方哲学艺术融入当代设计的典范。以水为引导划分空间，不仅带动了居室的节奏感，也传达出特有的生活智慧。

作为空间中轴线上的端景餐厅背景墙，我们以12片艺术屏风加以诠释，这是一款用3D打印而成的巨型屏风，在传统太湖石的图形中提取元素，并将其抽象，变成数字化的感觉，跃然于屏风之上，以彰显中西合璧之寓意。旋梯以圆形呈现连接整个楼层，不仅完成了其行走功能，也成就了空间的各种可能。旋梯上行至二层，是主人房和双子房的相对私密空间，中呈圆形挑空，呼应楼梯和庭院的概念，强化其对称性，亦满足景深、过渡以及采光的需求。

在宅子最中间的地段，原本是采光最弱处，我们将原本不在此处的楼梯，改到了这里（从地下一层到二层的区域），将这个"弱光"区变成了交通动线。除了交通动线的改变，这样一个城市大宅，还需要一个精神的堡垒，以契合空间的气度。为此设计师创造了"垂直图书馆"，旋梯贯穿地下一层和二层，周围是环绕的藏书，这是整个空间的文脉所在，也是家族的脉络所在。不仅如此，还在楼梯底部设计一个圆形的水面，宛若将室外景观索引进室内般，自然流畅，而此时的楼梯俨然一尊雕塑，它们互相作用成了此空间最精彩的一笔。

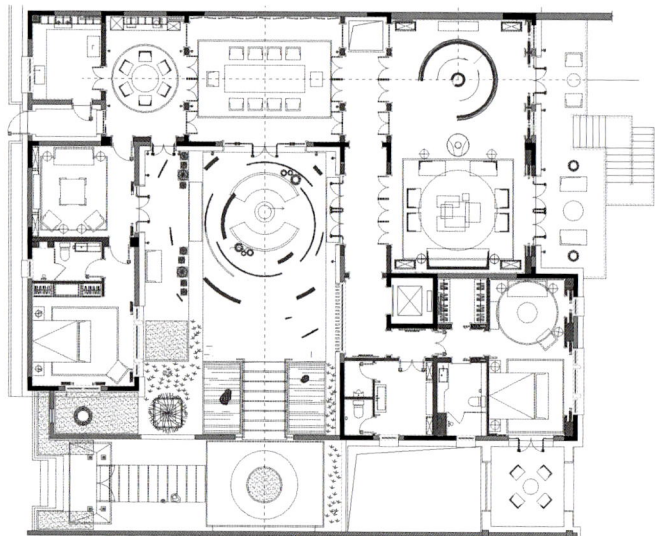

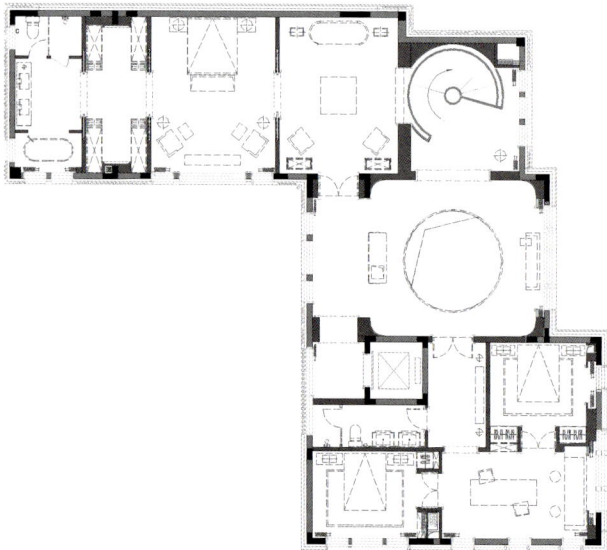

左：餐厅外景
右1：圆形旋梯
右2：客厅

左1：餐厅背景是3D打印而成的巨型屏风
左2：从中餐厅透视西餐厅
右1：过道
右2：起居室
右3：卧室

Jindu Nande Courtyard

金都南德大院

设计单位：方振华设计（香港）有限公司
设　　计：方振华
参与设计：郑蒙丽、高巍东、古文洁
面　　积：180 m²
主要材料：胡桃木饰面、金色金属、大理石、硬包、黑钢
坐落地点：浙江嘉兴

这是一套小高层七层与八层上下两户合为一户的复式设计，室内面积 181 平方米，户外面积 63 平方米，运用现代中式风格，设计低调大气又不失华丽，精心打造了一个成功人士安居会客之所。入门穿过椭圆形中式玄关，便是餐厅与客厅一体的开放空间，二者合一，大大提高了空间感受，并设置了一个户外精致的花园庭院，透过落地玻璃窗，与室内互为呼应。楼下为主人休息、学习的私密区域，一下楼梯便是起居室，左边为琴房，女主人最惬意的事莫过于侧卧于沙发上听女儿的琴音了。主卧设有独立卫生间、衣帽间及书房，把书房门一关，书房便是主卧的一部分，门开着也不影响主卧的私密性。

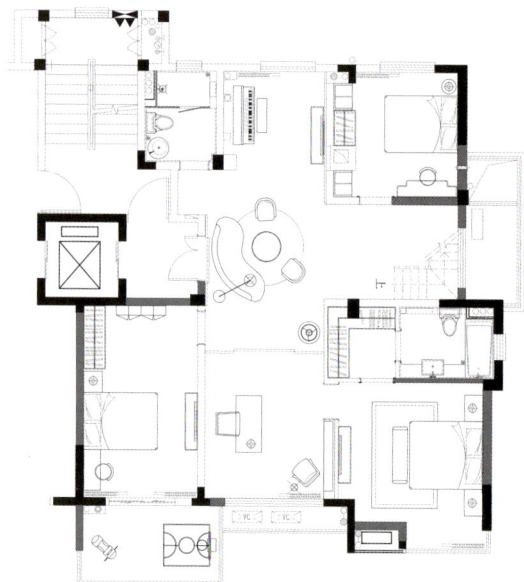

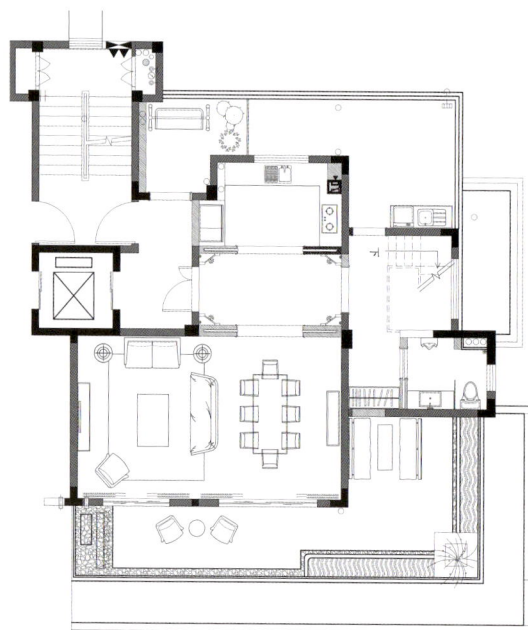

左：玄关
右1：客餐厅透视
右2：餐厅

左：客厅
右1：书房
右2：卧室

Shenzhen LOHO City

深圳坪山六和城

设 计 单 位：李益中空间设计
设　　　计：李益中、范宜华、余霞
陈 设 设计：熊灿、欧雪婷、李芸芸
施工图设计：叶增辉、张灿湘、胡鹏
面　　　积：248 m²
主 要 材料：白金沙大理石、木纹玉、拉槽玻璃、皮革
坐 落 地 点：深圳
摄　　　影：郑小斌

项目位于深圳坪山新区中心，交通便捷四通发达，属于商业 MALL 核心地段。楼盘采用围合式布局，充分保证内部园林的舒适尺度以及建筑楼栋之间的通透与采光，同时最大程度保障居住舒适性。

设计师希望打造"展现财富，注重品味，融入传统，体现现代都市化"的坪山多元化生活样本。因此，设计师运用帝王黄、皇家蓝、灰棕色为主色调，饱满的空间布局和对比用色，成功塑造和展现出无上尊贵的王者色彩和楼王尊贵的气质。

"简单呈现细腻，朴实打造优雅"，尽显奢华高贵极尽优雅之美是项目的设计主题。设计师选择浅灰柔和的色调，让其在众多色彩中淡定自然，以细致的设计手法营造一个奢华与品位共存、生活与艺术同在的起居空间，同时勾勒出一丝东方时尚的闲适生活。

左：小景
右1：空间透视
右2：餐厅

左1：过道
左2：休闲区
右1：卧室
右2：卫浴间

Xi'an Vanke City of Gold Loft Style Model House

西安万科金域国际loft精装样板间

设 计 单 位：李益中空间设计
设　　　计：李益中、范宜华、关观泉
陈 设 设 计：熊灿、欧雪婷
施工图设计：叶增辉、漆雄、邓超、胡鹏
面　　　积：35 m²
主 要 材 料：乳胶漆、防火板、拉丝不锈钢、墙纸
坐 落 地 点：西安
完 成 时 间：2015年11月
摄　　　影：郑小斌

本案客户定位：25岁左右有文化内涵的单身青年，年轻有活力，思想活跃，对新鲜事物接受度较高。本项目面积较小，但楼层相对较高，所以在开始方案时初步想法把它设计成一个LOFT的单身寓，合理利用空间，空间最大化利用。通过对户型分析和客户定位分析最后设计成一个清新现代北欧风格。

由于空间局限性，只有一个窗户，设计过程中尽可能在每个空间都可分享到窗外阳光，尤其是小户型空间光非常重要，所以比较重视空间通透感。整个设计透明性很好，无论站在哪个角落视野都很开阔。

本案设计最大限度减少空间狭窄感觉的同时注重住户私密性。入户右边是一个开放式厨房，左边是公共卫生间，往里就是客餐厅联在一起，空间之间有功能性的区分但又紧密相联。客厅处有一个通高空间，小户型也有大气一面，这个也是空间的一大亮点。二层设计成相对私密卧室，卧室空间可以共享窗户洒进来的阳光，当清晨醒来时拉开窗帘，一缕清新晨光洒进室内，唤醒一切事物，包括每一个细胞，这是一种很写意的生活，乐活、随性。

从设计风格去解读，界面简洁大方，色彩明亮多变，一眼看上去不会觉得繁复，室内线条简约流畅，简单中彰显大气美，选择尺度较小家具，软装搭配色彩多变，物料选择偏自然的亚麻布料，营造出清雅时尚艺术气息。

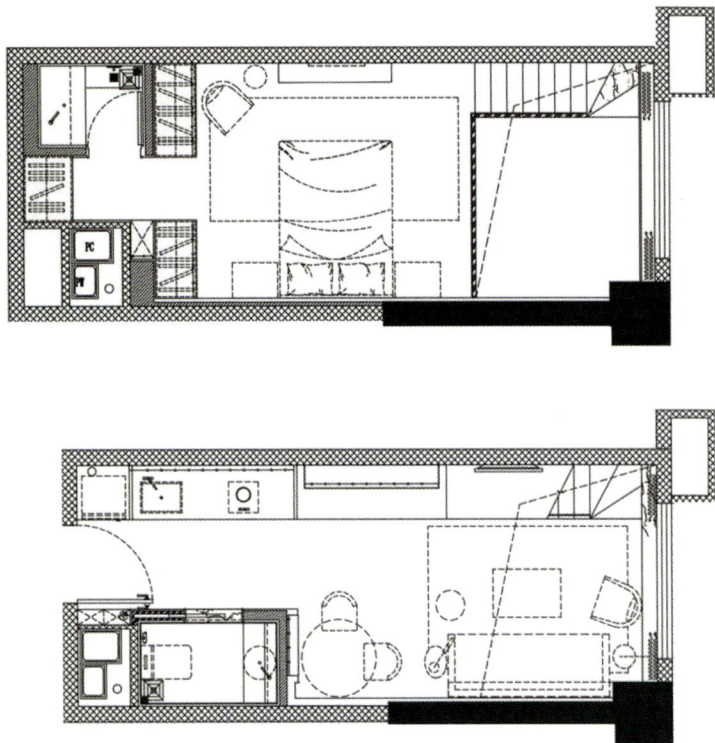

左：餐区
右1：入户右边是开放式厨房
右2：客厅

左：空间之间有功能性区分但又紧密相联
右1：开放式厨房
右2：二层卧室

Vanke Feicui Binjiang Sample Room

万科翡翠滨江样板房

软装陈设：LSDCASA
设　　计：彭倩、蒋文蔚、葛亚曦
面　　积：270 m²
坐落地点：上海
完工时间：2015年9月
摄　　影：阿光

理查德·布兰森（Richard Branson）曾言："我们要去别人从没有去过的地方。没有模式可以模仿，没有东西可以复制，这就是魅力所在。"上海是现代时尚的中心，流行文化的顶端，在高雅华贵的表象背后，LSDCASA 设计所传达的是对自由的追求和永不言止的精神。

走进这座寓所，各种经典元素穿搭自如。拒绝浮华与花俏，空间简洁、舒适、历久弥新，"不思索接下来怎么做，只自问应以何种方式表现"，玩味出极具现代时髦的 Style。整个空间赋予几何美感的黑白线条与幽微神秘的铜质家具的交融与碰撞，象征着 20 世纪初贵族社会的优雅风尚。

黑白即视是空间陈设的主要表现，营造知觉心理中的虚实之道。在空间陈设中，经典的黑白单一理念透过冷调材质，过滤掉了一切不相干的色彩，通过碰撞、更新、转换，比例上和空间层次上达至整体。

入户门廊，巨型人像是自信的体现，简单直白的自行车是自由向往，黑白相衬的色彩是经典的彰显，交叉编制皮革纹是时尚象征。客厅以简洁示人，简练直挺而富有生命悦动感的迷人线条，舒适而奢华的面料，黑与白缔造的经典，香槟色柔和魅惑。餐厅的设计以硬朗轻盈的线条感凸显经典与现代的交织感，黑色编制皮革给人成熟稳重的味道。

主卧和次主卧分别位于两侧，可视生活喜好和心情来作选择。主卧通过色彩的大胆对比，简练的线条，营造出具有强烈视觉冲击力的空间感受，似乎在向世人展现主人的勇敢与率直。次主卧直简的线条显现出深沉的寂静，挺括顺滑的面料，摈弃繁杂琐碎的负重，几何线条和抽象画再次延伸，纯真且浪漫。

左：玄关
右1：客厅
右2：餐厅

左：空间装饰细节
右：卧室

Shuian Chinese Style Villa

水岸中式秀墅

设计单位：玄武设计

设　　计：黄书恒、林胤汶

软装布置：吴嘉苓、张禾蒂、沈颖

面　　积：357 m²

主要材料：海南黑洞石、蛇纹石、金箔、酸洗镜

坐落地点：苏州

摄　　影：王基守

左：进门玄关

右1：客厅局部

右2：客厅

苏州，一座水色盈溢的古老城市，与意大利威尼斯一样，具有绝佳的水乡风景与细致的人文风情。春风拂面，细柳垂杨，清淡的城市笔触，总予人无限遐思，而建构于悠久历史上的现代景观，更使此地于中西交汇处，更呈现古今对话的可能，空间与时间尺度的堂皇交错，铺就了苏州水岸秀墅的底蕴。玄武设计将"马可波罗东游记"作为故事主轴，以西方探险家与东方大汗的晤面机缘，巧妙转化为中西混搭风格，利用湖水色泽的深浅递变，于家饰的传统线条与硬装的现代材质之间，呈现专属于苏州的柔婉气韵。

踏入玄关，取材自知名建筑师莱特的繁复窗花映入眼帘，装饰主义的流利线条，与对口鞋柜的金箔花样遥相呼应，体现东西元素的戏剧张力；几扇鎏金窗花深嵌壁面，为客厅点缀古韵之余，亦成为串连视觉的利器，设计者进一步以镜面不锈钢天花的反射效果，转化了空间比例，增强大气氛围；延伸线条起伏，餐厅以出风口串起内凹天花板，明晰着客餐厅界线的同时，亦使视觉备加开阔，彰显豪宅气势。

于色彩方面，特以湖绿为底，将传统元素（如铜钱纹沙发）与现代工艺紧密结合，透过比例转换，如餐厅壁面长条型，即是模拟竹简质感，呈现古朴的东方韵味，二楼壁板虽为中式比例，侧面却以亮面材质藏匿花俏；或者色彩变奏，如客厅窗帘选用明黄跳色，转至卧室，便选以不同层次的草绿与黛绿等，于古意盎然的廊室内，体现"中西混搭"的风情，如马可波罗远渡重洋抵达中国，与忽必烈大汗把酒言欢、相互馈赠的和谐景致。

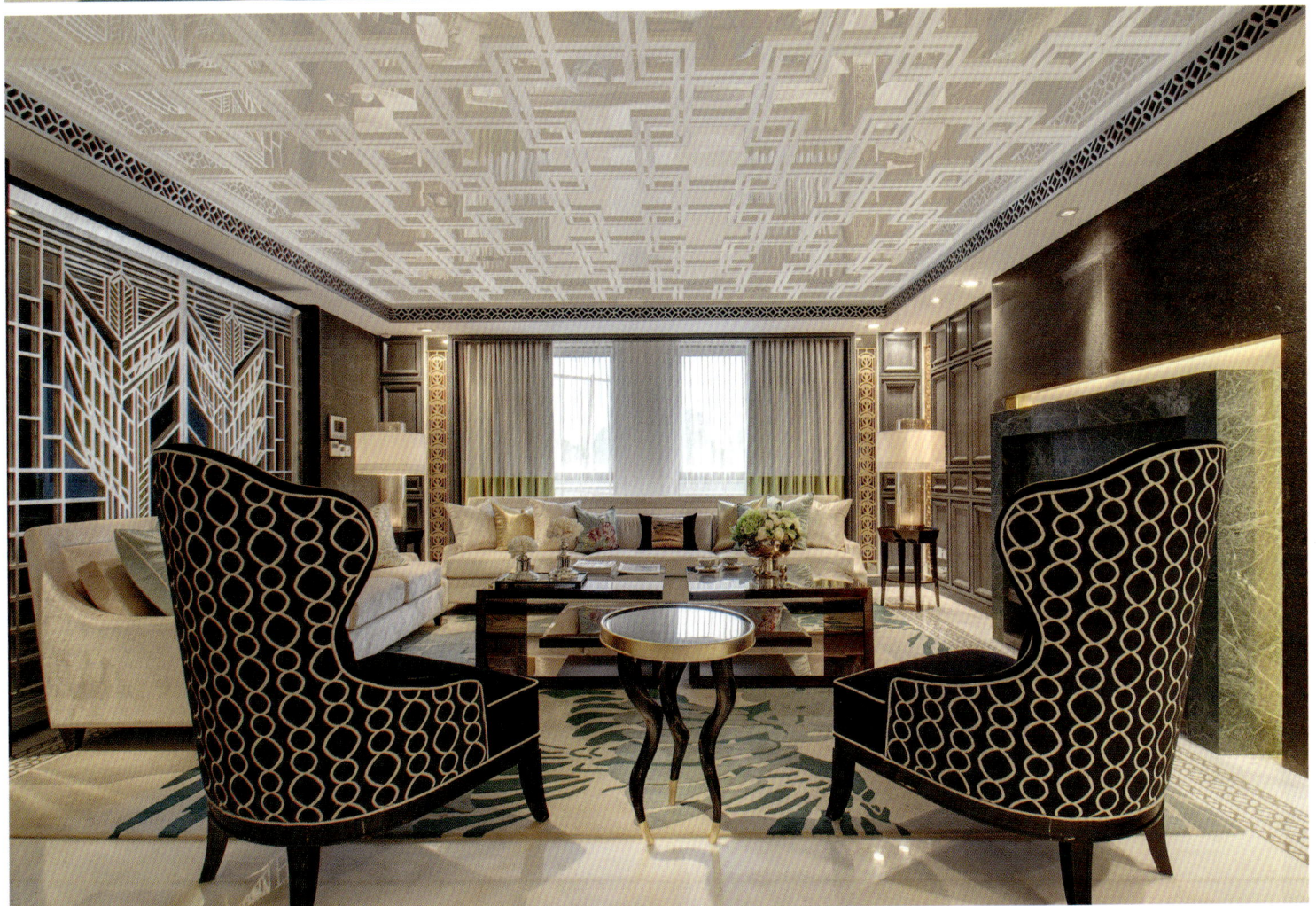

左1：餐厅
左2：楼梯
左3：局部
右1：休闲室
右2：卧室

Zen Style Space

禅意空间

设计单位：广州道胜设计有限公司
设　　计：何永明
主要材料：大理石、深古铜拉丝不锈钢、墙纸、木饰面
面　　积：198 m²
坐落地点：广东江门
完工时间：2015年7月
摄　　影：彭宇宪

198平方米的大户型，在号称是"楼王"的项目里，绝对不一般。甲方给出的需求是有东方调性的空间，东方设计元素往往是典雅的，我所构想的本案业主一定是不奢华但是有品味的人群。

整个空间氛围营造颇为禅意。说到禅意，可以用很多词来形容，比如自然、空无、精炼等，与我们的生活息息相关。只要身处"禅意空间"，就很容易进入"宁静致远"的境界，享受难得的悠然自得。禅意讲究"简静、和寂、清心"，玄关处运用中式案几，衬托墙面嵌入的天然水墨大理石，辅以灯光，造就一幅"空山新雨后"的景致。看着满室和寂，配以客厅铜制镂空屏风、东方的饰品，显得格外通透和清雅。飘窗上一壶茶、一个紫砂杯、造型古朴的盆景、几缕袅袅升起的茶香……开窗风过，时事岂不云淡风轻。

客厅是以半开放式的屏风隔断来营造通透的公共空间，镂空屏风与博物馆式的软装陈列有拨动空间气氛的韵律。创新型仿古灯具、精致的家具，在设计上强调高雅韵味。"琴、棋、书、画、诗、酒、花、茶"——文人雅士所求的八雅意境均渗透空间的每个角落，可谓是将中国元素运用到了极致。

主卧，将客厅色彩延续，视觉统一，用色温馨。飘窗物尽其用，小憩或是品茗均可，味觉与视觉的双重享受可以激发精神层面的共鸣，正所谓琴瑟和鸣。父母房无须过多饰品矫揉造作的修饰，几榻有度，器具有式，沉寂的暗红色大气而稳重。

软装最具匠心，客厅的钉子画是在古人绘画的基础上再创造的又一艺术表现形式，横看竖看都不一样，即丰富了古代绘画的立体感，又有现代铸造的金属质感。整个空间的设计把唯美与精致、自然与恬静、固守和创新把握得十分到位，触目所及的每个角落都能感受到用心。

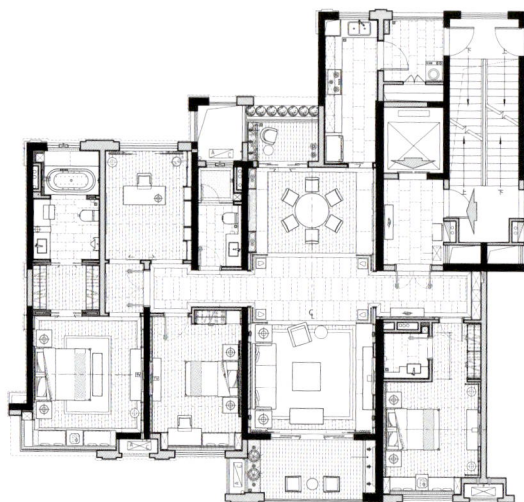

左：进门玄关
右1：从客厅透视餐厅
右2：客厅电视背景

左1：餐厅
左2：卫浴间
右1：卧室
右2：卧室

Youngor Mingzhou 250m2 Sample Room

雅戈尔·明洲样板房

设计单位：宁波汉文装饰设计工作室
设　　计：万宏伟
参与设计：胡达维、曲超
面　　积：250 m²
主要材料：橡木多层实木地板、仿石材砖、金属板、素色壁纸
坐落地点：浙江宁波
完工时间：2015年9月
摄　　影：刘鹰

本案位于宁波东部新城，项目定位精准，每套为250平方米大平层。参与了前期建筑空间设计的配合深化工作，我们从建筑的形式和室内功能的完整结合分析，以及室内和室外、建筑和园林之间的逻辑关系梳理和统一，也从生活方式的理解到生活的使用功能方面深化整合设计。一个好的设计不一定非得要设计技巧和手法多么炫目，它首先一定是耐用耐看和舒服的感觉，这个"舒服"来自于设计师对各种空间尺度的把握取舍以及对空间逻辑的梳理整合，对空间气氛的营造把控，做有生活质感的、有温度的住宅空间。

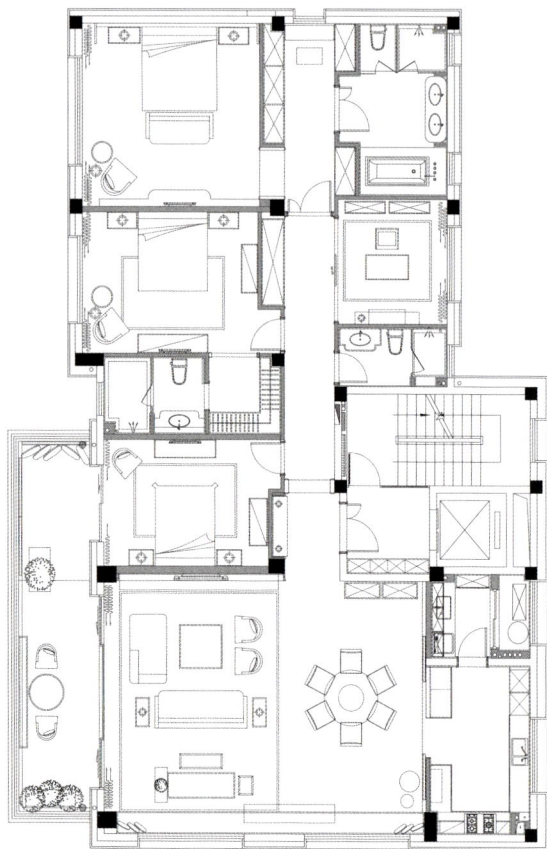

左：玄关
右1：客厅
右2：休闲阳台

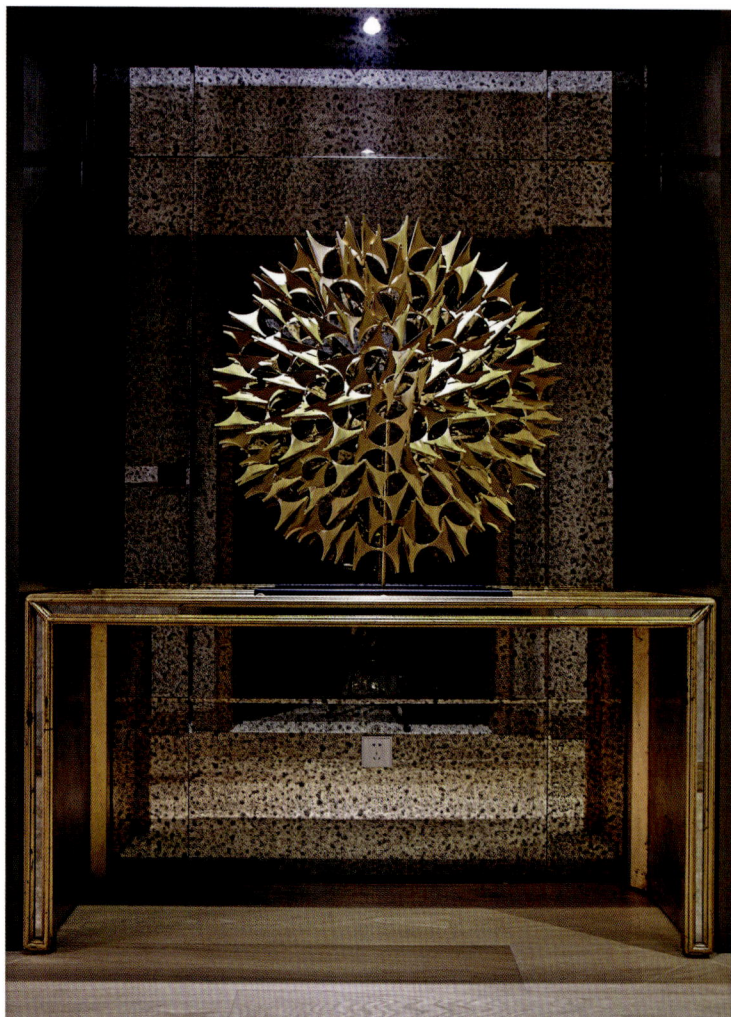

左：餐厅
右1：过道
右2：卧室局部
右3：主卧

Boyue Binjiang Sample Room

铂悦滨江样板房

设计单位：大观·自成国际空间设计
设　　计：连自成
面　　积：674 m²
主要材料：烤漆板、胡桃木、拉丝古铜、绿植
坐落地点：上海
完工时间：2016年1月

在毗邻老宅的铂悦滨江，设计师采用摩登前卫的后现代主义风格打造本案，既是对经典的致敬，更是寻求传承之上的突破与超越，展现了一种穿越时空的艺术力量。设计师将整个别墅看作是一个能量的载体，集天地、时空之精华，包容并蓄，又特立独行。摩登前卫是本案带给观者的最初印象，白色的基调纯净空灵，简洁的线条组合多变。若是给点时间细细体味，看似干净利落的空间，却开始呈现多样的风姿，色彩、线条、图案，文化、历史、风格——浮现出来。

本案在建筑规划上打破了传统别墅的设计理念，强调超大的空间尺度，这也为室内设计创造了得天独厚的条件。邻近没有高楼，阳光作为大自然的馈赠洒进整个屋子，与干净纯粹的白色空间融合恰到好处。而为数不多的金、黑、蓝、绿、橙，仿佛是画卷上的浓墨重彩，跳跃穿插其中，为空间增添了几分生动和高贵。

当然，色彩的引入也与空间功能有着内在联系。设计师试图将大自然中最具能量的阳光、空气、水、绿树——搬入室内。所以，地下室的设计也成为了整个居所的一大亮点，当您从客厅沿着旋转楼梯徐徐而下，恍然间宛如是穿越了时空的隧道，来到另一个奇妙的世界。5.65米大尺度的挑高空间让人豁然开朗，而充满绿色、带有泥土气息的景致，仿佛是宫崎骏笔下的"理想国"，宁静惬意。大面积的绿植墙面创造了静谧的自我空间，阳光从天井洒下，底部还有水池吐纳着清澈的细流，真是别有洞天。所以，冥想、阅读、收藏等私密的个人行为，都被设定在此特别的空间内完成，契合居者的个性彰显。

左：从客厅透视餐厅

右1、客厅全景

右2：餐厅局部

左：地下室客厅镂空装饰立面
右1：地下室客厅入口
右2：夹层书房

Boyue Binjiang Villa Sample Room

铂悦·滨江别墅样板房

软装设计：LSDCASA
设　　计：葛亚曦
面　　积：670 m²
坐落地点：上海

上海旭辉铂悦·滨江坐落于陆家嘴腹心，是旭辉集团巅峰住宅作品，软装设计委托负有盛名的 LSDCASA，打造奢享级超级体验豪宅。LSDCASA 传承上海独特的海派文化，设计中没有追随上海民国时期典型的 ART-DECO 样式，而是延续巅峰上海最虔诚的怀旧和最大化的创新，以现代风格融合新古典诠释上海的世界主义。

软装设计延续建筑及室内的新古典风格，以此为基础环境，续写丰沛的美学力量空间，设计抛开一切形式和标签的表象，以匹配财富阶层应有的生活方式，让单一的权力、财富的显性诉求，过渡到生活中对伦理、礼序、欢愉、温暖的需要，呈现生活空间中细微的感动。

冷静的黑、睿智的卡其、明快的爱马仕橙和内敛的云杉绿，共同诠释现代主义的色彩美学。家具样式摒弃浮华与繁琐，木作与金属互为搭配，洗练的线条，纤巧精美的样式，空间中流淌着洗练的情调和怡然的气息，将生活形态和美学意识转化成一种无声却可感知享受的设计语言。

这套 670 平方米的府邸共有六层，空间的每一层都有自己独特功能和对应的趣味和隐喻。纵观整套邸府，更像是具备魅力和非凡感官的艺术臻品，时光就此凝练成艺术，生活由此完美升华。

左1：入口
左2：餐厅
右：客厅

铂悦·滨江别墅样板房

左：三楼主卧区不同视角

右1：三楼主卧书房

右2、右3：地下一层雪茄室

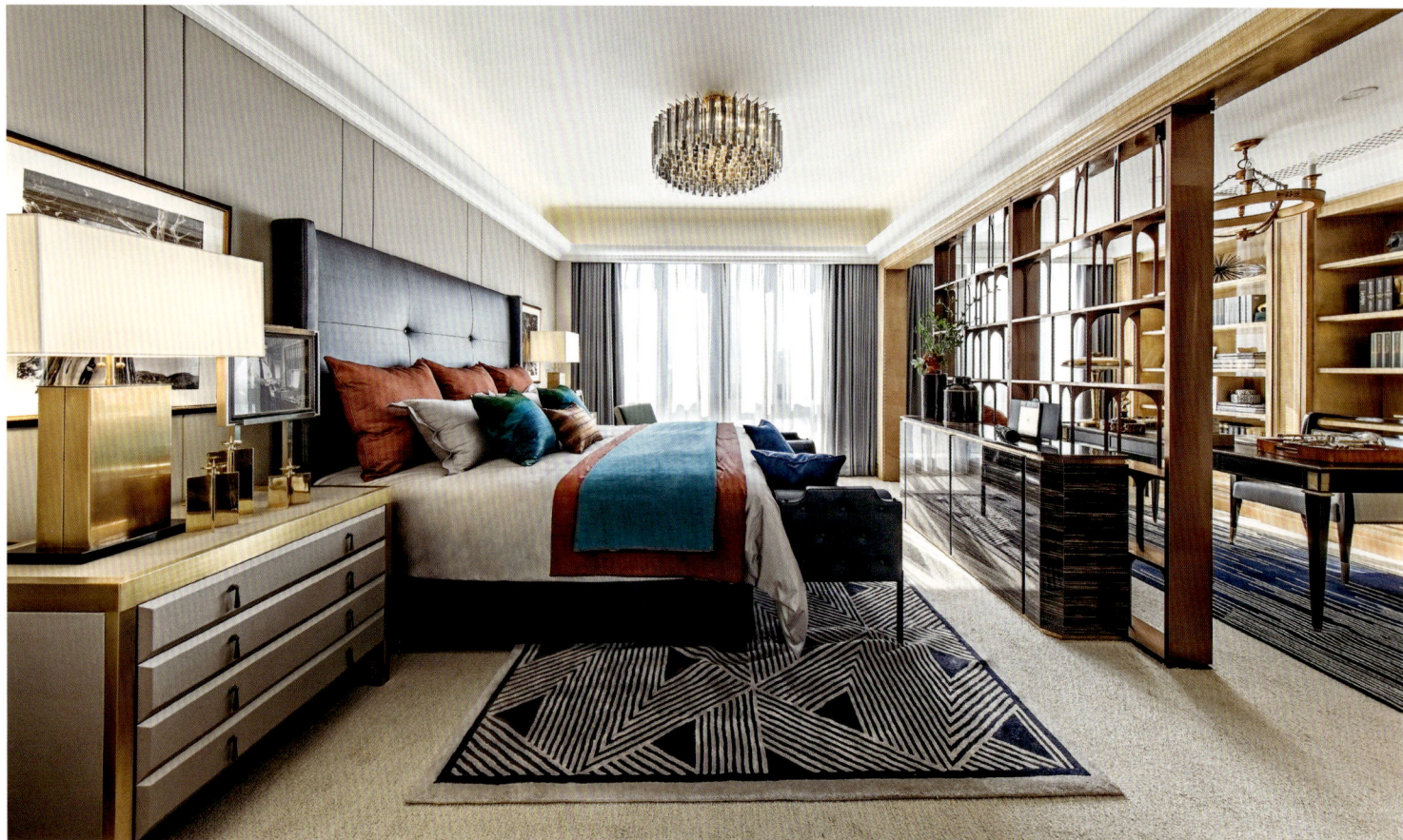

Erqi Binhu International City Duplex Sample Room

二七滨湖国际城双拼样板间

设计单位：上海飞视装饰设计工程有限公司
设　　计：张力、刘畅、赵静
面　　积：148 m²
主要材料：高光烤漆板、皮革
坐落地点：河南郑州
摄　　影：三像摄

年轻需要梦想，需要活力，更需要创造力，对于年轻的创业团队来说更是如此。创业者希望以时尚亮丽为设计主题，整个空间最为突出的就是色彩的选择，用绿色、黄色贯穿整个室内，充满活力的色彩让气氛都变得跳跃起来，搭配深色家居，避免了亮色带来的浮躁。休闲区黄色的沙发，进墙式的设计，更节约空间的同时，不减舒适度，三两个抱枕，一杯清香的茗茶，便可有效缓解工作时紧张的心，装饰画作为空间的点睛之笔，又是那么的恰到好处。

左：过道
右：会客区

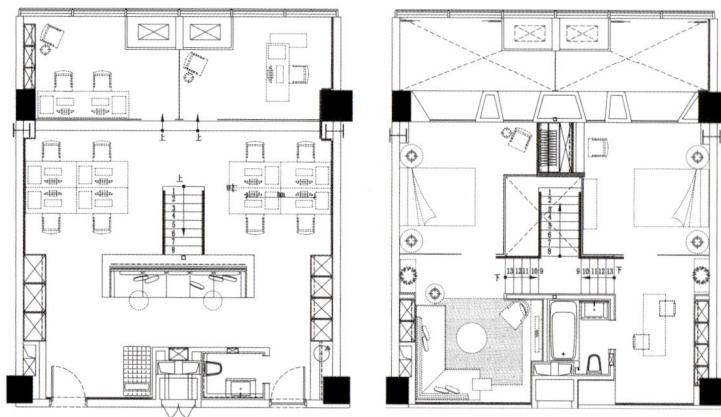

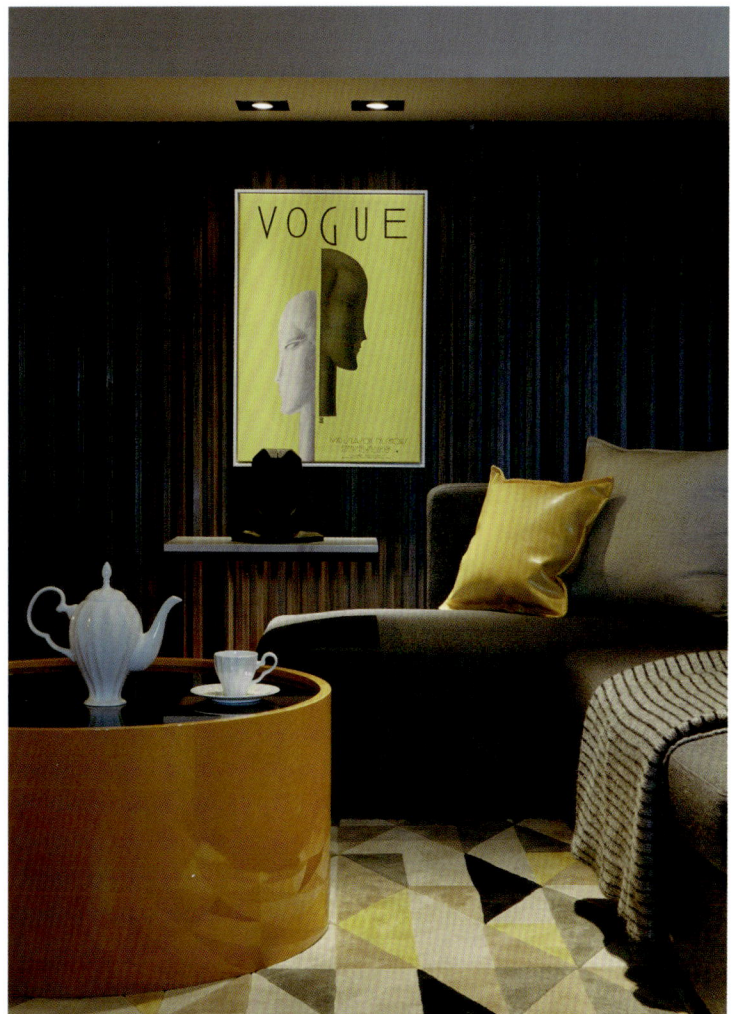

左1：工作区
左2：楼梯口
左3：空间透视
右1：卧室
右2：起居室

Lvcheng Shengshi Binjiang Sample Room

绿城盛世滨江样板房

设计单位：上海益善堂装饰设计有限公司
设　　计：王利贤
参与设计：汤玉柱、宋莹
面　　积：410 m²
主要材料：黑色镜面不锈钢、黑檀木、橡木染色木饰面、软包
完工时间：2015年10月
坐落地点：上海
摄　　影：温蔚汉

本案围绕轻盈、欢快、中性的构思，以现代主义风格为主调，在空间平面设计中不受传统对称限制，追求自由开放、独具新意的视觉感官。重点采用了不锈钢、大理石等材料凸显时代感，主要区域搭配色彩浓烈的装饰加以点缀。

开敞、内外通透，个性化的线性设计，使得空间布局流畅，各区域自然融合。时尚的家具在开放的环境下，彰显与众不同气质。空间氛围丰富且多元，金与黑呈现的庄重气度，蓝色的典雅，还有极富东方气息的情调。不同色彩组合，给人带来不同视觉感知，充分利用色彩先声夺人的力量来制造直观的视觉效果。设计师的时尚眼光与独到见解，赋予了每个空间不同色彩。再加以融入充满了艺术气息的陈设，使观者充分领略到奢华设计的魅力与价值。

设计师非常注重体现个性和文化内涵，在设计中强调人的个性，反对苍白平庸和千篇一律，体现个性化需求。通过可移动的元素，丰富的色彩，增加空间内的文化内涵，为本项目打造了有品位、有特色的空间。

左：客厅
右1：过道
右2：餐厅

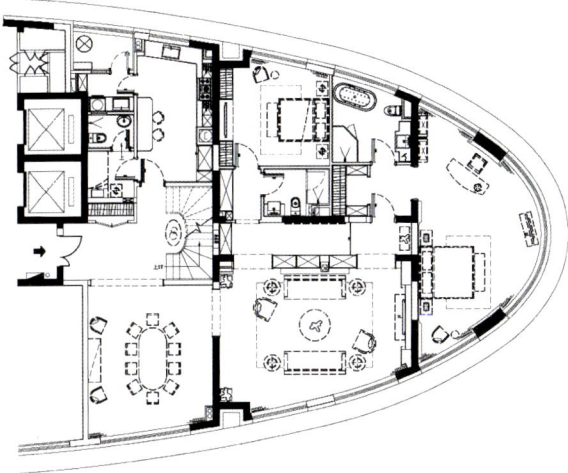

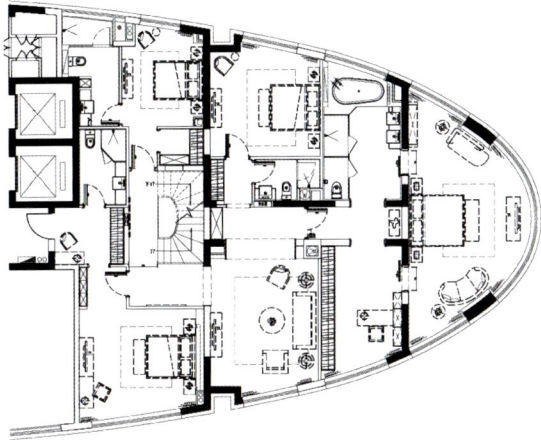

左1：起居室
左2：卫浴间
左3：客卧
右：主卧

Jindi Xixi Fenghua Western-style House Sample Room

金地西溪风华洋房样板房

设计单位：杭州易和室内设计有限公司
设　　计：麻景进、金碧波、戴海水
面　　积：132 m²
主要材料：橡木饰面、山水玉大理石、夹宣玻璃、绢画
坐落地点：杭州
完工时间：2016年5月
摄　　影：阿光

左：客厅透视餐厅区域
右1、右2：局部
右3：过道

杭州之美，不过三西，西湖、西泠和西溪。倘若，居于西湖之滨，在当代已然成为一种奢望，那么，西溪湿地，恰是繁华都会中，轻读杭城最深生活滋味的唯一遗存。身处杭州唯一的大型城市绿肺，竟与都市繁华无间共存，这无疑成为了都市文化中产的理想生活首选之地。金地西溪风华洋房样板房，如躺在西溪里的一叶扁舟，倒影了西溪千年的绝代风华，即便波圆无痕的一次邂逅，无不怦然心动。

设计师秉承金地西溪风华"更熟悉的风土人情、更文化的居住体验、更时尚的东方美学"的居住主张，取意东方禅之"静"，旨在描画"静、色、形"一体元素的联想，并在整体设计中，将其转化为空间的氛围意境，加以现代的设计手法与细腻的材质表现，力求造就绝代风华的东方神韵与体贴入微的人文关怀，回归到人最自然的生活状态中。

进入客厅，禅意东方的浓郁气息便迎面而来，令人内心得以平静。家具造型简约，材质采用棉麻、胡桃木、金属等不同空间气质元素，与香道饰品完美融合，收放自如地诠释了东方的精髓，让人备感上流社会的优雅与品味。

餐厅设计兼容了宴客礼仪和文人情怀，在灰色基调中，璀璨的水晶吊灯洒下温馨的光景，设计师别出心裁地以写意山水画来装饰背景墙。气派的大理石圆桌、独家定制的餐椅与中国茶道在同一时空对话，隐喻独到的审美和非凡的气度。

设计师关照不同的需求，不同的居室被赋予了不同的情性。主卧，以蓝灰色为主调，与原木纹理的家具中凸显原始之美。与山山水水、月光竹林的隐士意境中，让主人找到心灵的平衡和安宁。

窗外的景色是书房的对景，视线毫无遮挡地从室内延伸至室外，空间也显得更加
宽敞明亮。挥洒禅韵抚琴来，高山流水觅知音。在书房的时光，是如此悠然自得。
把玩文玩，亦或沏一壶香茗，沉浸于此，让人回归内心，忘却尘嚣。

左1：餐厅
左2：书房
右1：主卧
右2：卫浴间

Life and Attitude

生活与态度

设计单位：正反设计
设　　计：王琛、蒋沙君
参与设计：冷成昊、陈钟
面　　积：300 m²
坐落地点：浙江宁波
摄　　影：王飞

如今的生活有点"过于热闹"，人人都忙，人人都埋在手机世界里。家对于当下来说已经越来越模糊。家是一种精神，它指引着我们该如何生活。本案设计核心思想是生活的态度，对于家而言，并不在乎它有多美，而是它能否带来归属感。

空间布局以开放式为主，设计师希望通过每个功能区域的串联，增进人与人之间的交流，公共区域每一处角落都可随意坐下，或安静看会儿书，或和自己最亲密的人喃喃细语。生活本该如此，不需要过多的精彩，但总能让你感动。

正午，烧好美味的饭菜，仿佛墙壁上的"马儿"也嗅出了阵阵扑鼻而来的香味。对饮食挑剔的态度也成了生活中不可或缺的一部分。酒足饭饱，闲暇无事，坐在沙发里观赏露台上刚买回的植物，或许在以后日子里它的小伙伴会不断增多。生活的状态也是如此，在时间的岁月里，我们可以不断添加自己喜欢的物件，让它成为家庭的一员。楼梯在空间里并不只是走动的贯穿点，繁琐的工作之余，停下脚步，盘坐在楼梯上，不经意透过如雨丝般的钢索欣赏暗藏柜体上的艺术作品，或许能带给你一些不同意义的生活领悟。

家也需要分享，周末老友聚会，步入二楼茶室，虽不大却不失精致。侃侃而谈之余品一口清茶，伴随着琴声，时间仿佛凝固一般。

左：玄关
右1：餐厅背景
右2：客厅

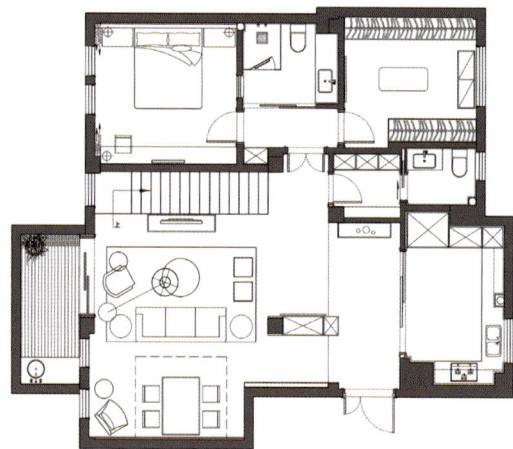

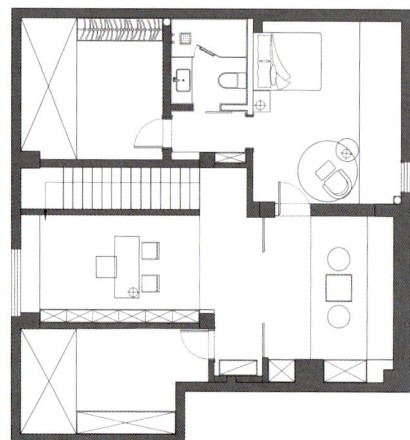

左1：楼梯
左2：二楼一角
左3：楼梯侧面
右1：过道
右2：孩童房
右3：主卧

Pure White Fairyland

纯白之境

设计单位：尚层装饰（北京）有限公司杭州分公司
设　　计：池陈平
面　　积：260 m²
坐落地点：杭州
完工时间：2015年12月

从国外留学归来的年轻主人，喜欢简约设计，崇尚品味生活。设计师选择以白色作为设计语言，用减法和去装饰化手法塑造了极度冷静而克制的家。"你可以将之理解为一场生活的回归，也可以理解为是对业主的一种'标榜'，标榜其对低调奢华和精神丰足的追逐。"

白色，向来极难把控，特别是在一个空间中大面积使用白色，对空间的变化和细节的创造上有着很高要求。对此，本案设计师回应是"线塑"、"光塑"和"人与空间关系的重塑"。从物体、自然、人和空间的逻辑出发，步步为营，塑造完整、克制却有张力的空间关系。

依托不规则的线条来实现"线塑"。在儿童活动区，线条，几何，多边形被反复执拗的运用，却依然和谐存在于书柜、地面、顶面的边角、墙面的装饰画等各个细节之处。简单关系的空间里，恰如其分的透明摇椅和雕塑感的矮凳就更似艺术品，点缀其间，潜移默化地塑造人的内心。"光塑"，白色对光线最为敏感，通过巧妙安排自然光、布局室内光源的比例和位置，纯白的空间有了光线的照入，自然而然带来了明暗，带来了一年四季一天之中不相同的光影变幻。

"人与空间关系的重塑"，移步换景之中，看到空间的张弛有度，看到光影变幻，窗外的自然构成室内的画卷，营造别样感官体验。黑、白、灰的简单过渡让家居在光影中更见优雅。家居在功能性的基础上不落潮流，人性化的家居奢华而不过度，简约更要经典，这是"雅豪"生活方式的一份淡定与从容。

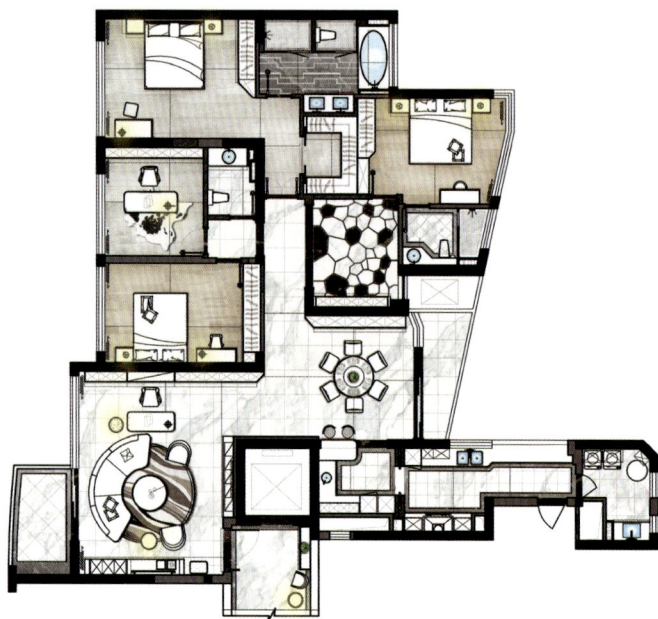

左：客厅过道地面纹路与动线合二为一
右：客厅一角，大面积落地窗带来了绝妙的光影，窗外的自然风光如画般映入室内

左1：客厅，线条硬朗的空间与线条柔和的家具相得益彰

左2：孩童娱乐区

右1：厨房中错落的白盒子颇为现代

右2：空间直接而强烈的更衣室

右3：主卧加入了质感温润的家具和些许色彩

Haitang Villa Communal House

海棠公社住宅

设计单位：建筑营设计工作室
设　　计：韩文强、李云涛
面　　积：510 m²
坐落地点：北京
完工时间：2015年11月
摄　　影：魔法便士

项目位于北京东郊一处居住区之中，设计范围是联排别墅楼当中一个单元的上下三层。一层以及地下室是上下连通的，主要用来做主人对外接待；二层有独立的出入口，主要满足家庭内部起居。

设计的基本思路是利用材料和空间的变化来模糊原本室内的内外、界面之间的关系，创造一种开放而充满层次的漫游环境，让室内脱离局部的装饰，回归到自然、朴素、静谧的具有东方气息的居住氛围。

一层围绕会客厅和书房这两个木盒子空间展开，橡木格栅＋搁架以备藏书、展示、陈列之需，同时构建出由外到内半透明的层次关系。茶室利用灰色水泥漆结合定制的混凝土台面和桌面，灰盒子与背景的反差产生不同尺度的空间感受，同样的手法也用于客卧室。地下一层重新整合了下沉庭院与内部空间的关系，庭院种植竹林使下层空间产生内外景观的交互。地下车库也被改造成为明亮的客房空间。二层内部居住部分置入一个"穹顶"柔化屋顶与墙面的关系，使内部环境柔和而富于变化。

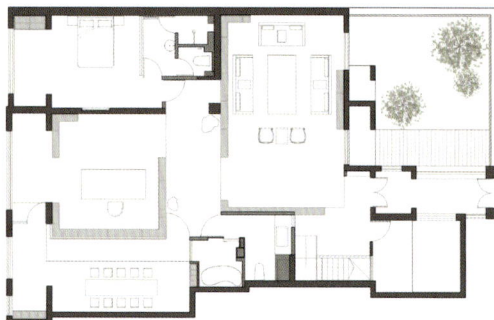

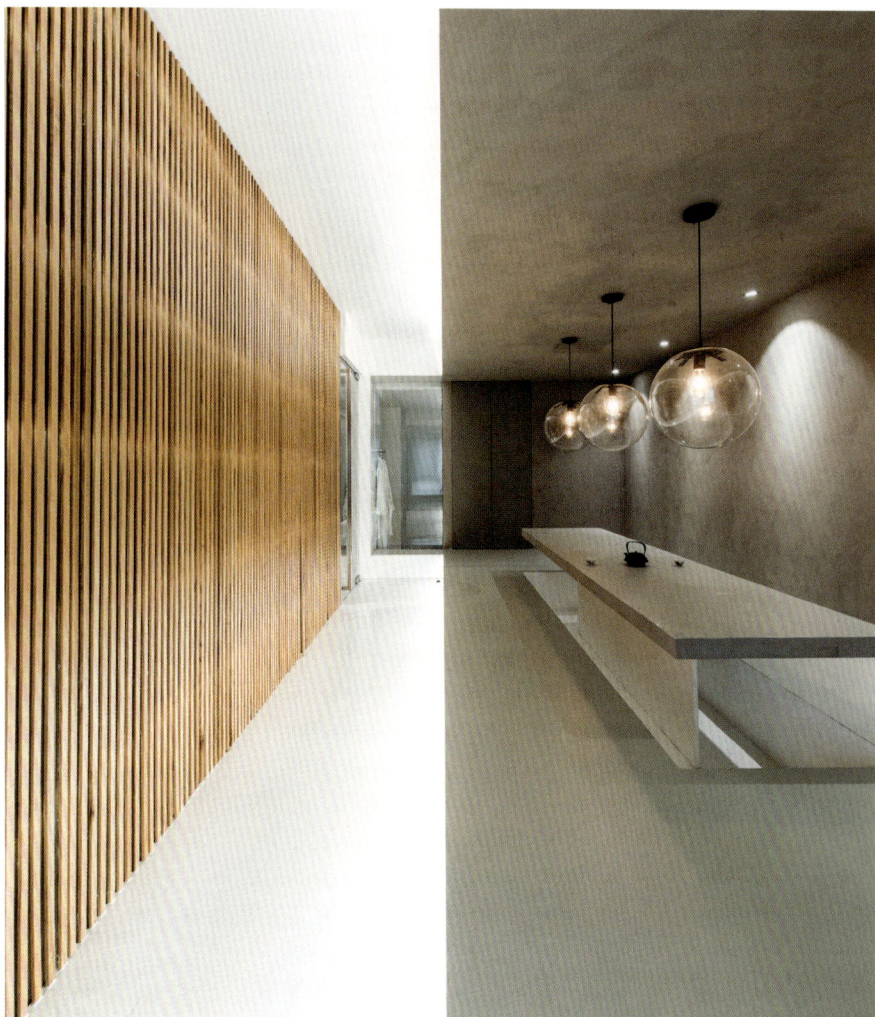

左：茶室
右1：书房
右2：入户口

左1：客厅
左2：起居室
右1：餐厅
右2：客房
右3：过道

The Liu's

The Liu's

设计单位: 维斯林室内建筑设计有限公司

设　　计: 廖奕权

面　　积: 996 m²

主要材料: 木、云石、Corian

坐落地点: 香港

完工时间: 2015年10月

本案的特色是夸张抽象的同时带一点 classic detail，以白色为主导，保持简约清新的感觉。

鲜艳夺目的墙纸为纯净的空间增添了色彩活力，毗邻的厨柜用了 Corian 制造这一体的 Island 连饭桌，天花巨型吊设应和饭桌的形状，舍弃锋利的直角设计，利用圆角使线条更流畅柔和。厨房部分墙身用富有欧洲特色的瓷砖荷兰蓝白色的台夫特陶器，受中国青花瓷影响，颜色以青白花为主，其底釉为白色，再以氧化金属釉来作彩绘装饰，充满异国情趣，为厨房的角落增加一点生气。

天花涂了仿水泥的特色油漆，微妙的带有一点点闪粉，隐约淡雅地浸透原始的味道。值得留意的是每道房门的门轴和门锁，它们的细节位都是由圆线组成，细腻的边缘予人舒适自然的感觉，与古式的灯制互相融洽。

书房的其中一面墙改装成玻璃，以增加空间感，而且可以在工作期间看到客厅的电视，寄工作于娱乐。墙身用了黑板油漆，铺上磁石粉，可以当作是活动教学的黑板墙，为将来家庭增加小成员作好准备。

主人房有一个仿造中药百子柜的白色衣橱，但其实内里空间是跟平常衣柜间隔一样，配上了淡金色的柜抽，用色用料互相配合，低调的散发着一点玩味。套房洗手间里的洗面盆孩子气十足，夸张耀眼的黄色面盆柜和镜框，及地上可爱的六角形拼花砖，呈现童话式的抽象风格。

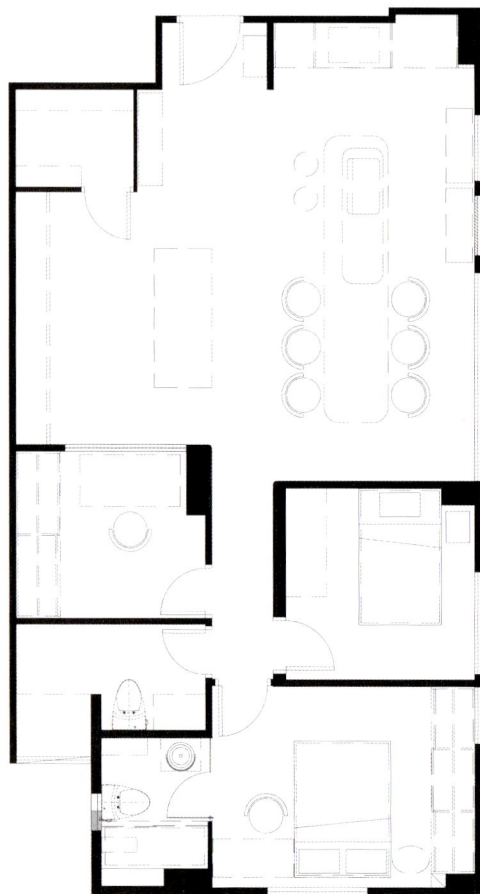

左: 过道视觉延伸

右1: 客厅

右2: 从客厅透视餐厅区

左1：过道
左2：装饰细节
左3：从洗手间透视卧室
左4：卧室
右1：书房
右2：卧室

Cuihai Villa

翠海别墅

设计单位：维斯林室内建筑设计有限公司
设　　计：廖奕权、许伟彬、曹世妹
面　　积：160m²
主要材料：清水混凝土、原木、生铁、不锈钢

这是由台湾艺术家许伟斌、曹世妹跟香港室内设计师廖奕权携手合作的住宅项目，从空间规划、布置到家具设计、铺排等都一丝不苟，最终得出理想成果。面对天然资源日渐匮乏，我们越发渴望回馈大自然，本案重用废弃物料，以之打造现代作息场景，既能体现舒适审美，也让人细啖淳粹的生活情味。

按照户主意愿，居室仍保有某些旧有痕迹，如入门区、厨房和露台的板石地便属上手铺排，设计团队见其材质完好而沿用下来。有些墙身在凿掉面材后，表面斑驳有致，被团队视为特有装饰纹理，干脆让它展现于人们眼前。客厅影音架后的墙壁凿除面层，以粗糙面貌过渡至饭厅，跟刷上乳胶漆的后半段壁面形成对比；至于厨房墙上的块状坑纹同样是除掉瓷砖的模样。

以上处理多少跟崇尚纯朴、珍惜自然的概念有关，家具、灯饰在此担当传达信息的媒介。它们几乎都是循环再造，主要来自两位台湾艺术家许伟斌和曹世妹的手笔。两位老师善于取材，收集废料如木头、铁管、不锈钢、竹和塑料等加以创作，为作品赋予机能、价值。客厅的沙发、扶手椅、茶几、影音架，饭厅的餐桌、餐椅、矮凳，皆是活生生的例子。难得的是它们的造型上极具变化，如饭厅除了两张高背椅配对成双，其余的椅凳亦各有形态，不同韵味。灯饰种类亦不少，饭厅吊灯利用铁枝和铁线网屈成弧型，有如怀旧设计，散发工业味。此外，两厅没装置灯槽，射灯沿方形路轨排列，构成工整的照明框架。值得一提的是户主喜欢空间开放明亮，着重灵活间隔，室内不但倚重趟门，也用上不少布帘，多是麻布质料，尽量让阳光景致落入室内。毗邻饭厅的厨房，透过富弹性的木格子门作分隔，兼及质材一致，做到构图整齐纯净。

进入房间区，左右两边分别是休闲室及书房，尽头才是主卧房所在。书房的家具编排并不密集，木板和铁枝组成的层架贴着窗户两侧墙身装设，简单得很。书桌朝窗户斜放，跟椅子的用料、风格相似，桌面实木板，框架用铁枝。特别有趣的是从窗帘挂杆吊下的时钟，方形钟框由铁线重迭扭屈而成，手工痕迹明显。桌灯和地灯同是采用多种物料的原创成果。

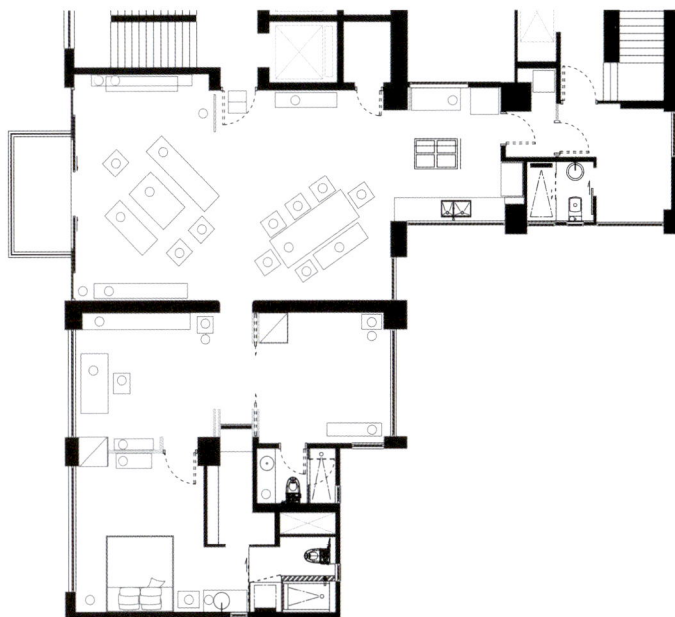

左：餐厅家具以实木和铁枝为基本，造型多有变化
右：客厅连接露台，尽揽蓝天碧海

左1：休闲室铺上动物毛皮，树干矮凳，焕发自然气息

左2：被走道稍为分隔的饭厅多得窗外绿意衬托，别有意趣

左3：斑驳的混凝土墙包含旧日装饰轨迹，历经岁月

左4：别致的洗手台

右1：主卧房被深浅不同的灰调笼罩

右2：书房的开放层架贴着两侧墙身装设

Zhiyu

质域

设计单位：台湾近境制作

设　　计：唐忠汉、高彩云

面　　积：175m²

主要材料：石材、镀钛、木皮、镜面、铁件

坐落地点：台北

摄　　影：岑修贤

材质的语汇界定空间的量体，对比量体错层堆栈，沉稳与律动相互交融，线条贯穿延伸平衡空间重量。

场域界定

置入两空间量体使开放场域自然而成，以材质线条与灯光分界空间量体，增添原本一分为三的空间场域，形成另一独特区域。

量体划分

空间一分为二，一边以单一素材建筑手法延伸空间深度，另一边以材质渐变方式减化量体的存在感，暗喻空间的界定，错落的光和影让空间本质交错流动。

引光入室

光：主空间在规划上运用基地条件，采用垂直动线，引光入室。

影：延续性空间，灯光透过材质错层散布在空间之中，反射的光跟影，营造空间趣味性。

质：空间以石、木润色，镀钛包覆量化空间，透过反射性材料，延续材料本身的质。因反射交迭，传递空间多变的生活面向。

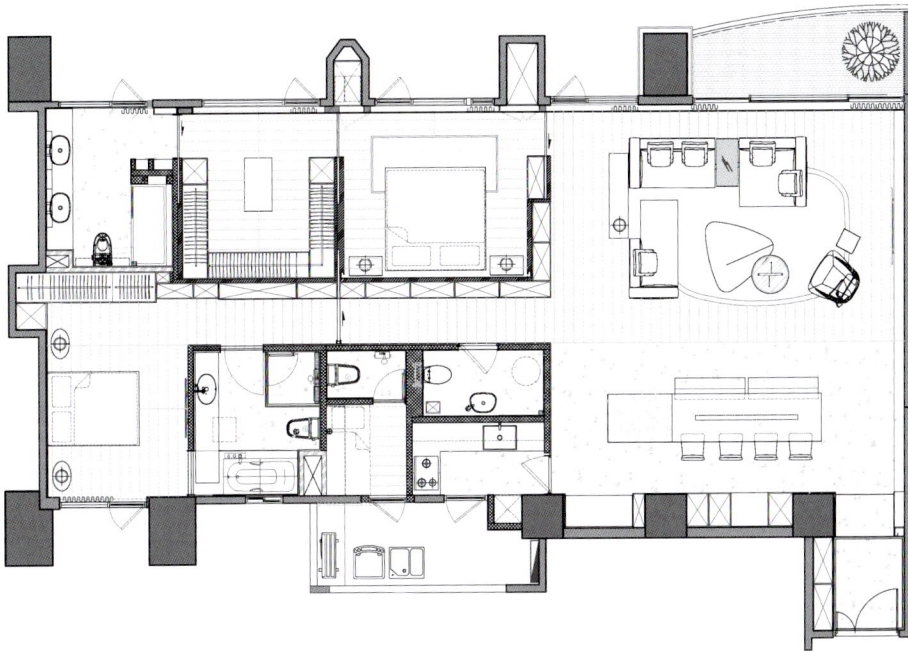

左：客厅
右：餐厅

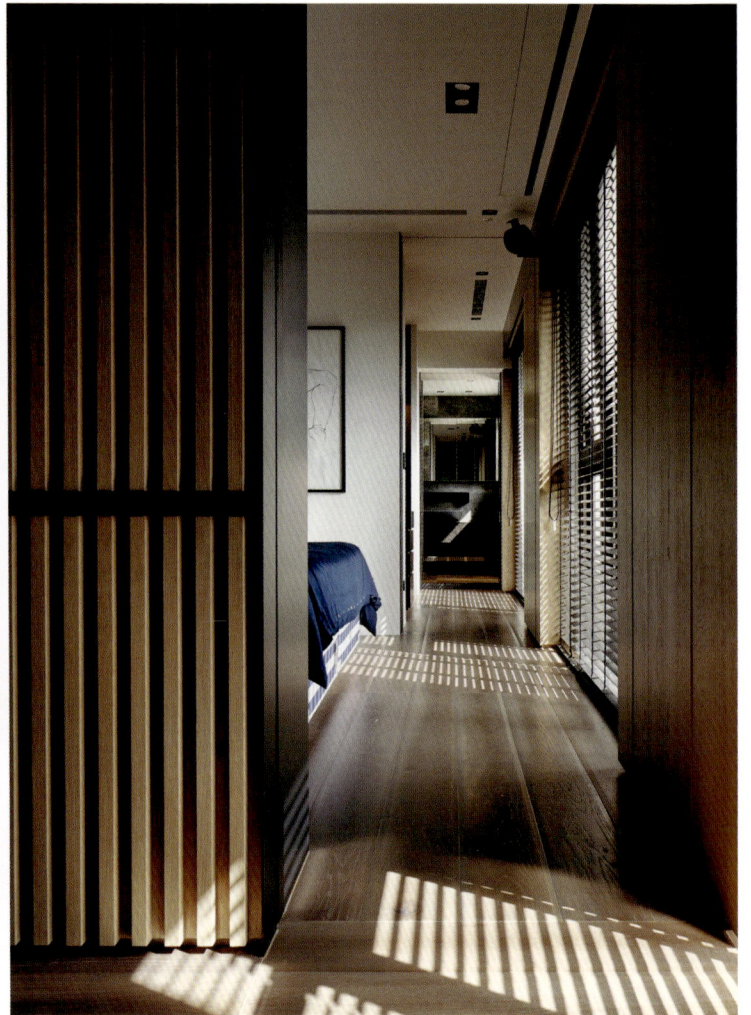

左1：过道
左2：卧室局部
右1：转角
右2：卫浴间
右3：卧室

Le plan libre

自由平面

设计单位：台湾水相设计
设　　计：李智翔、陈凯伦、李柏樟
面　　积：727m²
主要材料：莱姆石、卡拉拉白石、雕刻白石、镀钛
坐落地点：台北
摄　　影：岑修贤

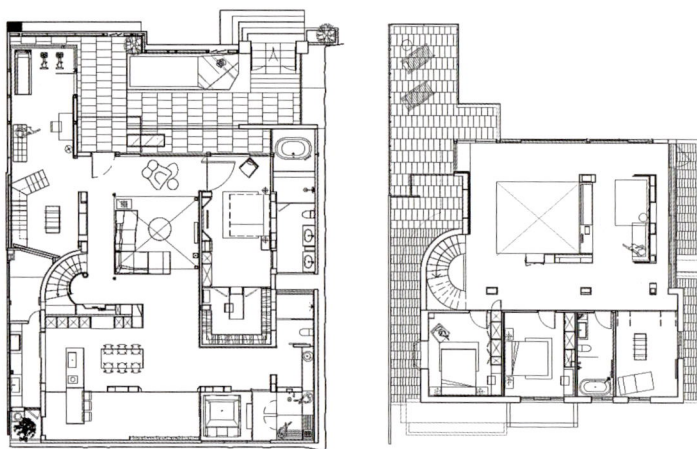

建筑建立在一座 6 米高的基座口，我们以两道长约 15 米的白色长向水平窗带开窗，勾勒出建筑的主要线条。大面的玻璃开窗，除了建筑面向的景观面考虑外，也师法 Mies Van der Rohe 对于"框架结构"和"玻璃"材质的表现。我们希望框构骨架的近乎露明，模糊室内外空间的定义，营造宽广的空间视野。

建筑体正面覆加延伸的正方体串连室内外空间，镜面不锈钢材质融合外在环境与建筑。平顶式的屋顶花园延续建筑体矩形块状的简洁利落，如装置艺术般的牛奶盒（洗涤槽用途）翻洒泄出一滩的青草，为现代主义洒下幽默的语汇。

奉行现代主义建筑的精神"自由平面"与"流动空间"，简单的立面与精致的材质，如莱姆石主墙、白色大理石背墙与垂直绿色植物墙，纵横交错的垂直水平立面建构出形体的简洁与纯粹。4m×4m 的楼板开口，刻意露梁，梁的连续性成为空间最有力道的线条，一楼延伸至二楼的石材主墙则连接两层的关系性。

旧建筑存留的柱体不刻意隐藏于墙体中，使承重柱与墙分离。以不锈钢与白色石材包覆让柱体与墙产生若即若离的关系，彼此存在又彼此彰显个性。二楼环绕着开口的回字动线，依序是开放式书房、两间小孩房与娱乐室，同样奉行建构准则：自由平面与流动空间。

车库地坪铺面是以不同比例与质感的蓝、黑、白三色地砖，水平向性的构筑成一幅立体画作，加上车库尽头的锥形天井自然光的进入，呈现现代主义线条与光线的纯粹美感。

左：户外露台
右1：外景一角
右2：一层客厅

左1：楼梯口
左2：建筑局部
左3：餐厅
左4：卫浴间
右1、右2：空间透视
右3：卧室

Leisure Life

从容生活

设计单位：黄译室内建筑设计工作室
设　　计：黄译
面　　积：96 m²
主要材料：铁件、烟熏橡木地板、原木、夹丝镜
坐落地点：南京
摄　　影：郑雷

这是来自无印良品大中华区验货人的家，业主家族是做家具贸易的，有自己的家具独立品牌和长期合作的日本设计师团队。女主人父亲长期游走于日本和一些东南亚国家，自己毕业于南京林业大学家具设计专业，现在和父亲一起从事家具品牌的研发、贸易。追求居家的平静，不炫耀华彩之物，是他们对空间美学的诉求，作为一个96平方米的复式单位，单层实际面积仅有40多平米，而主人在附近有一套二代同堂的别墅，更多的希望在这里设置一个二人世界的小天地。

保留既有的通透和开间格局，设计师让空间的视角，尽量不受平数的限制，开敞的公共区域，让餐厅、厨房、客厅在一个轴线上展开，美食、阅读、娱乐在这里开展互动，模糊了空间功能的范畴，使得家庭的交流气氛更加愉悦。轻松从一层直接过渡到二层，定制的黑色钢板楼梯，线条利落、本色十足，借由材质衍生出不同比例的线性语汇，或界面，或造型，或引导光影，或凝聚焦点，在留白中延伸，串连公私领域相仿的氛围。

二层的私人空间，立面之间转折轻盈灵巧，小居室空间格局被引入套房概念。"小中见大"是设计师在这里贴心处理的方式：卫生间被规划出完美的四件套，浴缸和淋浴契合在窗边，镜子大胆的设计更是给沐浴增添了独特情调；同样，即便是窄小的过道，也设置了端景，装饰柜来自主人的家具品牌，自成一格。依循着中性的彩度，主卧地板延展到床头背景，温润的质地隐隐透进房中，令居住者完全沉淀心情，家私的布置稍稍打破下常规，获得全新的感官，内敛而稳重的陈述着场域内蕴的包容力量。

左：从餐厅透视楼梯
右1：楼梯
右2：客厅

设计师为空间创造出从不同向度观望，传达都市悠闲、随性、适意与空间密切结合的情绪，主人丰富细腻的品味见地也窥见一斑，居此，从容生活。

左1：一层餐厅厨房
左2：二层空间透视
右1：二层卧室
右2：卧室局部
右3：卫生间

Lvcheng Feicui Lake Rose Garden Courtyard House

绿城翡翠湖玫瑰园合院

设计单位：北京居其美业住宅技术开发有限公司
设　　计：戴昆
参与设计：郑海丽、郭纯、齐磊
面　　积：1637 m²
主要材料：混油木作、银镜、抛光铜、大理石
坐落地点：合肥
完工时间：2015年10月
摄　　影：傅兴

本案中，我们对空间的关系、颜色的层次以及风格的多种形式做了不同尝试，无论是纯净的亮色还是素静的米色系，通过对物体比例关系的把控、图案的运用、材质的对比、色彩的细微差别化以及在一个空间里选择了单一的主要颜色加以另一个对比色的跳色，从而达到丰富和统一空间的作用。还有很多空间采取了大面积单一颜色的运用，但在这些环境里会特别注重物体的形态、质感、比例的把控等。

在另一部分空间则采取了放弃醒目颜色，只是加以柔和色系晕染，同时着重考量家具、饰品、挂画、布艺、图案及其他的搭配，在比例关系上做出恰当的调整。这样可以让参观者通过空间的色彩强弱、层次关系及物体形态的独特性有良好的体验，也可以更好的连接上各个不同功能空间，让流线和视觉达到一步一景作用。同时加强体验者在进入主要空间时的强烈氛围。而在个别空间也采取了少量多色运用手法，从而加强整套样板间的展示性。

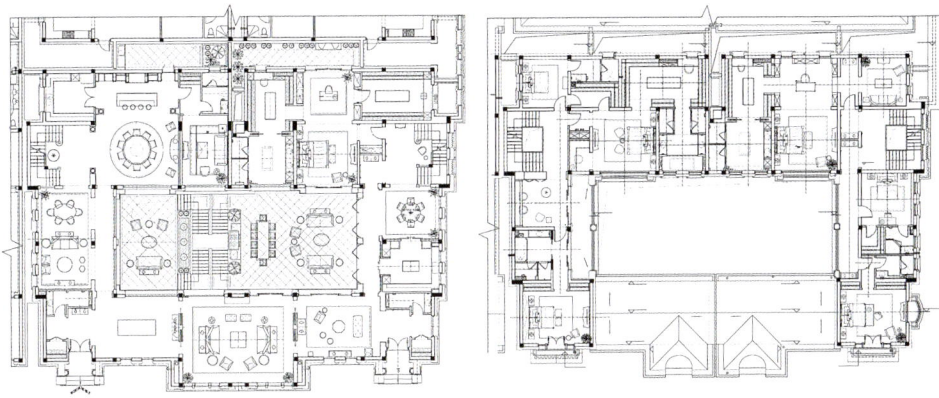

左：客厅
右：大厅

Guanyin

观隐

设计单位：南京北岩设计

设　　计：李光政

参与设计：王宏穆

面　　积：238 m²

坐落地点：南京

完工时间：2015年10月

摄　　影：金啸文

观非目看，乃内心观照之谓，然高享释之云："玄鉴者，内心之光明，为形而上之镜，能照察事物，故谓之玄德。"

本案位于南京奥南版块，房屋建筑面积238平方米，加之50平方米大露台，相对于常年两人居住而言空间非常宽裕。在格局规划上，设计师打破了普通的空间规划方式，以全开放空间形式处理，加大了各个空间的交流和互动，在保证每个空间独立性的同时，又增强了家庭成员之间的交流互动，营造了很好的家庭氛围。

风格设计方面，设计之初屋主想以现代简约风格装饰空间，营造自然、沉稳、宁静的空间感，故设计师使用了大面木质贯穿整个空间，再搭配以别致几何形体进行切割，品质感得到很大提升；木质墙、顶与浅灰地面的色彩呼应，给人以沉稳、安详、自然亲近感，其他大面留白，淡然清雅的生活态度跃然纸上。及到最终，这处宁静自然温润有氧的居所，无处不散发着居者寻求本真、淡然回归的精神追求。

左：餐厅小景

右1：客厅

右2：沙发区

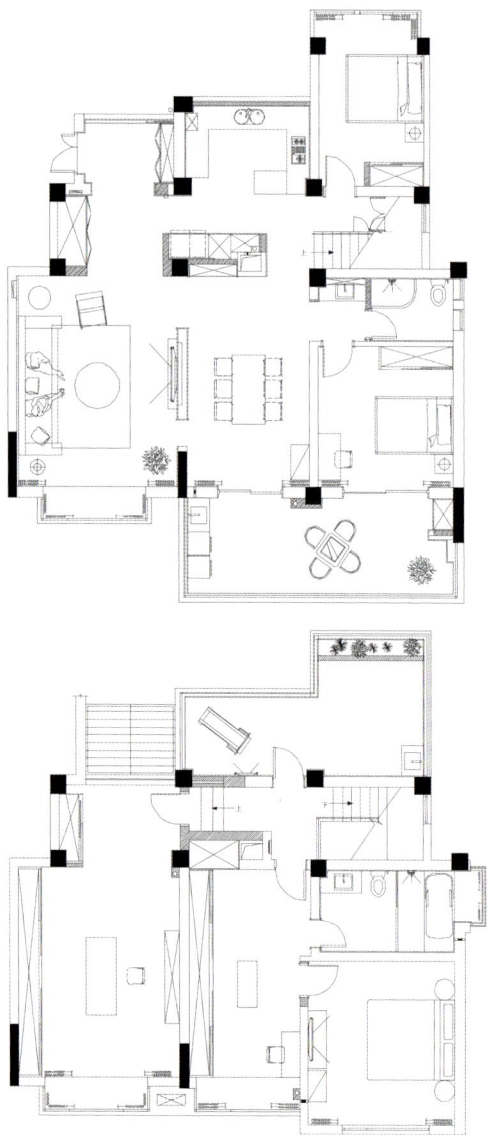

左1：空间透视
左2：餐厅一角
右1：卧室
右2：休闲露台

7m² House Reconstruction

7平方米住宅改造

设计单位：B.L.U.E.建筑设计事务所
设　　计：青山周平、藤井洋子、翟羽峰、杨睿琳
建筑面积：7 m²
坐落地点：北京
完工时间：2015年7月
摄　　影：锐景

关于在北京南锣鼓巷大杂院住宅改造的设计上，因为业主的两个房子都非常小，只有 3.7 平方米和 2.8 平方米，所以只能在可变性上作考虑满足多功能，包括垂直方向和水平方向的可变性、伸缩性。

小型独立厨房通过一个可拉伸的桌子来满足 2 人、4 人、8 人不同情况的用餐需求，8 人用餐时南向的墙面就会被完全打开，把桌子拉伸到了院子里，同时可以将房顶上的可滑动格栅拉出来，起到遮阳功能。

小户型卧室，下面部分借用中国古代科举考场里"号舍"座位的想法（桌板和座位板调整成一个高度后可作为床板），我们将木板放在可调的五种不同高度来实现茶室、店铺和卧室的切换，从而实现了小空间的可变性；上部为了适应将来可能出现的各种需求，利用现代技术的电机升降床板和不锈钢线，实现了中国古代智慧与现代科技的结合。

左1：大杂院入口
左2：进门过道一侧
右：改造后的小空间可以满足不同情况的需求

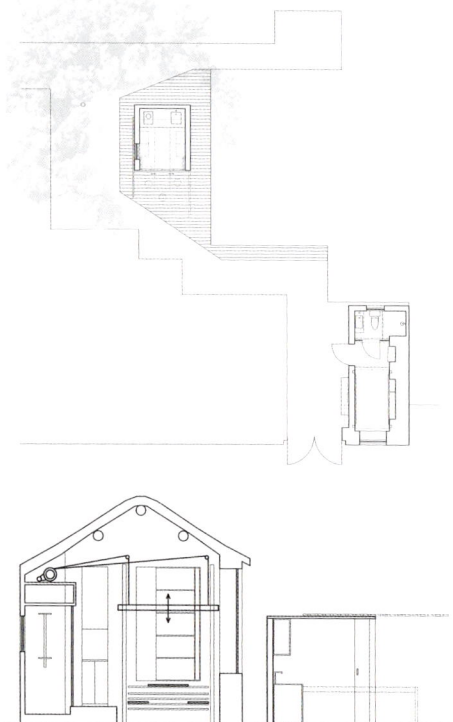

Private Villa

私人别墅

设计单位：孟也设计事务所
设　　计：孟也
面　　积：1500 m²
坐落地点：北京
完成时间：2016年4月

曾经，一代精英层随着中国经济腾飞变得富有，继而追随华丽的西方空间艺术潮，用以彰显自我价值。随着时代变迁，这潮涌必将回落，在更加淡然、理性的心态下，去体验构建在现代人视野下的高品质生活诉求，这场思潮已然开始并蔓延在中国居住空间设计文化中。

中国人的传统还是根深蒂固的留在心底，只要业主的年龄阅历可以驾驭，我们就心照不宣的互相默认，在一个现代自由的空间中加入了很多东方人的印记。或许，只有这样，才能让这个空间在中国物欲最为膨胀的年代里拥有自己清高信仰一样，拥有一个懂自己的设计。

居住在里面，不被外墙复古风格大理石和欧式拱窗所束缚，随心所欲，任性的不用和建筑的欧式表里如一，不再需要讨好社会，这里是家，是这世界上唯一可以为所欲为的地方。"可以在家与爱的人做任何美好的事物"，这一般是多年打拼奔波时誓言的一个人生最大愿望。

飘然在室内，空间是极自由的，光线从客厅、餐厅、起居厅、茶坊一字排开的南向窗户和后改造的顶窗照射进来，照射在并不复杂的装修上，恰到好处。

设计，似乎更多服务于相对富有阶层，设计也往往杜撰了一群中国人，新贵了以后的奢华生活，可以看到业主跟随心目中的理想，花钱买来一切，实现贵族梦，灯火通明满堂水晶吊灯和贵气的大理石华丽的上演，但，这场大戏独缺的却是最需要建设的主角：贵族气质。

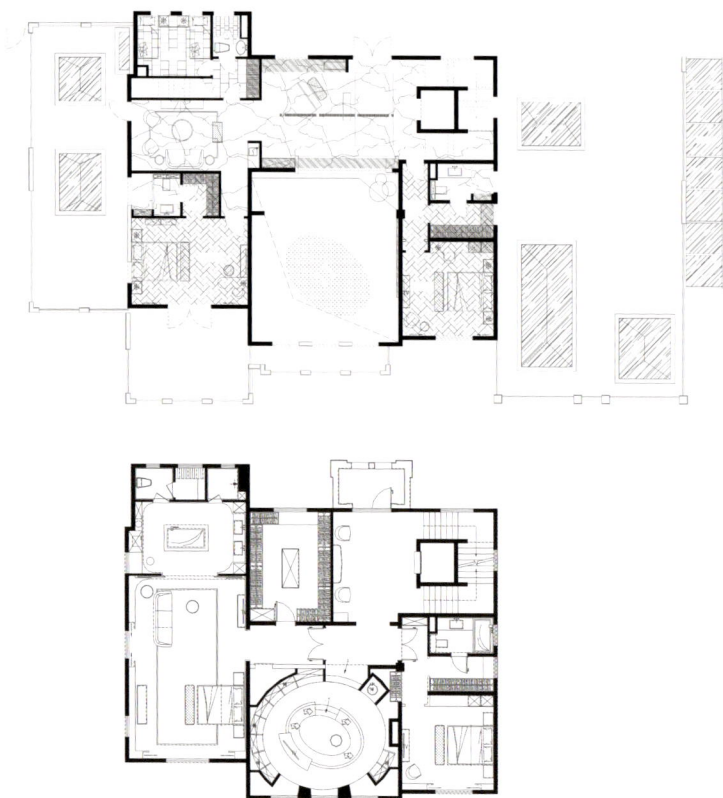

左：客厅
右1：休闲区
右2：客厅局部
右3：茶区

设计，做简单，不容易。

这是一个社会命题，是设计师正确认识并引导市场、不屈从的、一代一代的努力，才能随着社会的总体进步而慢慢实现，普众审美的总体提高才是中国创意广泛意义的春天，我在这个设计的冬天等待，庆幸并感恩：懂我、欣赏我、爱我、信任我的客户，是你们成就了设计，致敬！

是的，这是一个设计说明，最后说明：这个作品 6 米挑空客厅中，有圆形壁炉的挑高白色墙面的面材是壁纸，是壁纸！

左：餐厅
右1：起居室
右2：卫浴间
右3：主卧

Dynamic & Static Line

动静线

设计单位：嘉兴越界空间设计策划机构

设　　计：应益能

面　　积：144 m²

主要材料：黄杨木皮、镀钛铁件、石材、壁布

坐落地点：浙江嘉兴

完成时间：2015年12月

摄　　影：应益能

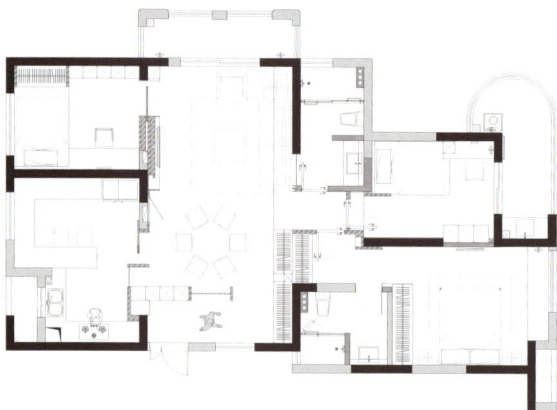

本案位于浙江嘉兴一幢高层公寓楼，原有建筑格局构造传统而古板，毫无新意可言。出于探索家的本性，设计师决定按照自己最本真的手法为空间设置一个谜，通过建筑视角衍生居住者的活动轨迹，释放更多冥想空间，通过严格轴线控制，重新梳理动线分布。

空间各个功能区块被合理巧妙安排，相互分隔又紧密关联，使得空间最大程度被利用，让业主感到舒适和便利，这一切首先归功于流畅的动线分布。家具选择和风格定位方面，设计师充分考量壁面与天花地坪的隐线关系，设计制作了大量壁面家具，嵌入式橱柜，使得整体空间简洁大气。橡木锯痕地板铺就的地面，黄杨木、秋香木家具的选择，以及同色系金属材质隔断，无不流淌着品质的光辉，在低调中彰显个性。一把亮黄色的沙发椅，为空间注入了一抹亮丽的色彩。由落地窗围拢的阳台，斜靠在舒适的躺椅上，看书冥想，可以悠闲度过每个温暖的午后。

卧室同样"不走寻常路"。主卧继续沿袭了极简风格和灰色格调，保留了原有建筑飘窗，配上麻质窗帘，一切显得简单素雅。面积不大的次卧则颇费了一番工夫，榻榻米造型的床倚窗而设，拉大了空间的视觉体验，墙面书架和衣柜自成一体，让小空间也有了大收纳的可能。吧台式的书桌，配上一侧悬挂而下的台灯，让创意发挥无限可能。另一次卧在布局和形式稍作调整，提供了设计的另一种可能。

诚如设计师所预想的那样，这种亦动亦静的居住状态是不需要过于饱满的华丽

外表来渲染的，反倒是消减到极致的线性勾勒，比例关系，光影投射，成了空间的叙述者，这也是设计师的愿想。

左：客餐厅透视
右1：空间局部
右2：过道

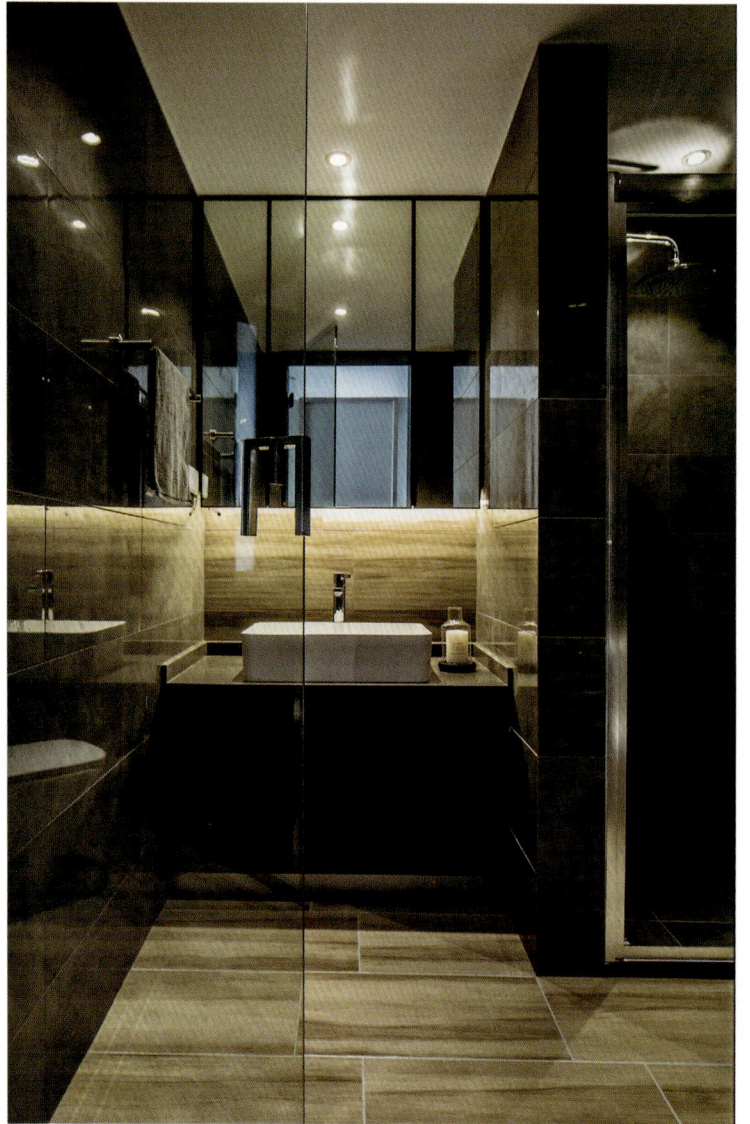

左1：空间局部
左2：卫浴间
右1：局部
右2：局部
右3：卧室

Oriental Lily Private House

东方百合私宅

设计单位：宁波金元门设计
设　　计：葛晓彪
面　　积：400 m²
主要材料：瓷砖、墙头草纸、护墙板、地板
坐落地点：浙江宁波
摄　　影：刘鹰

认识葛晓彪，是从三年前的一套法式作品开始的，如今这套房子的女业主，也正是被那件作品所感动，把自己的新家，全权委托给他来设计。这种托付，没有任何的附加条件，就仿佛把梦想交托给了足以信赖的人。这种信任，也让葛晓彪更加激情澎湃……

如何将法兰西的浪漫融入这个400余平方米的空间，如何让设计既在情理之中——做出业主所欣赏的那种格调，又在意料之外——让最后呈现的效果给予她足够的惊喜？一年的时间，葛晓彪给出了令人满意的答案。如果说三年前业主所看到的一朵绚丽的法兰西玫瑰，那么这一次，展现在她眼前的，便是柔美中带着魅惑的东方百合。

在这个空间里我们既能发现理性内敛的贵族气息，又可以看到豪华与享乐主义的色彩。通过陈设与空间对比，以激情的艺术，打破了理性的宁静和谐，呈现浓郁的浪漫主义色彩，设计师用巴洛克的表现手法，塑造一个艺术化的生活空间。从设计元素来看，浅色的护墙背景、略带夸张的家具，金属与岩石肌理的配饰材质，带有宗教主题的装饰元素以及富有戏剧性的设计作品，以一种柔和、高雅的方式释放着主人内心的浪漫，并在视觉矛盾中呈现更具戏剧化的空间感官。这些艺术形式的应用，目的在于以此呼应业主的精神世界，用艺术和审美的共性，让人与空间产生共鸣，让空间真正成为主人的另一套衣服，在满足使用功能的基础上，成为他和她品味与审美的表达。

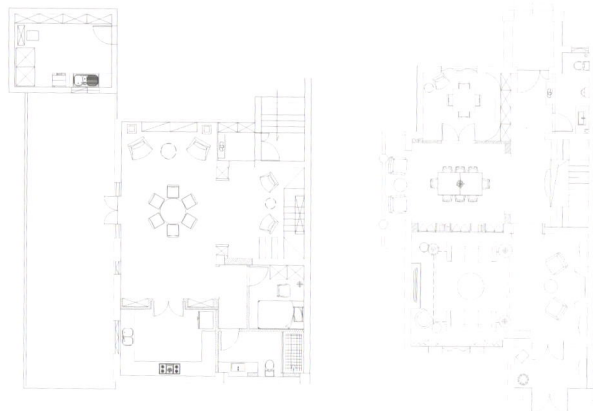

左：玄关
右1：客厅
右2：客厅壁炉背景

左1：地下室楼梯口小景

左2：地下室过道

左3：地下室餐厅

右1：三楼书房

右2：三楼主卧浴房

右3：三楼主卧

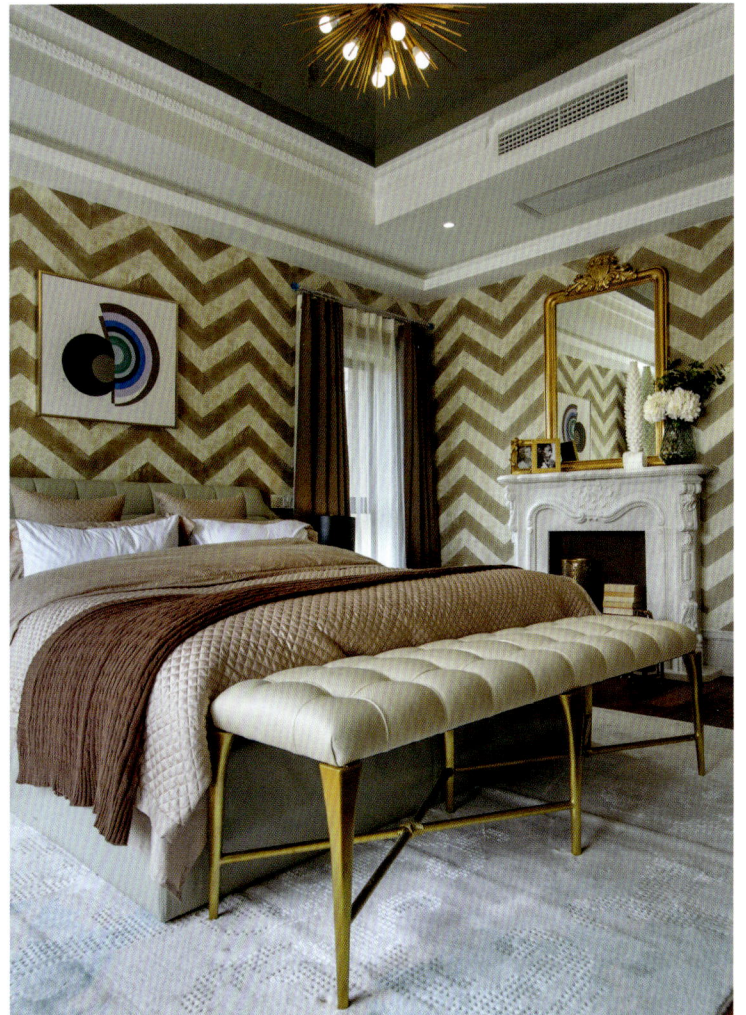

Liang Residence

梁公馆

设计单位：晨阳开发设计有限公司
设　　计：曾鸿霖
参与设计：张佑纶、陈建良、刘奕彰
面　　积：287m²
坐落地点：台湾桃园
完成时间：2015年8月
摄　　影：岑修贤

此案临台湾桃园高铁站，为业主专门打造招待客人喝茶聊天及招待亲朋好友旅宿的场所，因此我们运用此特性，用东西方交融的设计概念将其打造成一个既像住家又像招待所的禅学空间，希望客人来到这里能感到放松、惊喜、愉悦。

原客厅区域挑高4米圆拱型天花，我们运用斜面隔栅拼接方式修饰，使线条的延展增加空间层次，也拉高空间视觉效果。运用不规则凹凸面的块状木纹包覆过低的大梁，弱化其原本产生的压迫感，也刚好以此超低大梁当作不同场域的分水岭，使穿古越今的风格意念在此得以转换。入门口隔栅设计除化解穿堂风水问题外，因长度过高考虑其支撑性在隔栅间隙加上与天花斜面平行角度的木块支撑，犹如中国武侠片中刀光剑影的意象。

运用同质地木皮切割，将原本单一形式的纹理重组拼接，为看似单一的墙面增添多元面貌，深浅交接的线轴仿佛在视觉上创造出立体之感。刚烈石材与暖实木纹冲突却融合，材质的选用跳脱既定思绪，直线纹路与粗犷肌理丰富了空间的视觉，多元而充满新奇。

左：入口
右1：客厅
右2：客厅区域挑高4米圆拱型天花，运用斜面隔栅拼接方式修饰

左1：空间透视
左2：餐厅
左3：空间一角
右1：浴室
右2：卧室

Home of Shangtian

上田之家

设计单位：温州大墨空间设计有限公司
设　　计：叶建权
面　　积：230 m²
坐落地点：浙江温州

本案原结构不规则，复杂封闭，所以在设计上考量更多的是如何在满足功能的前提下做到开放。以现代风格为主线，楼梯的移位使得主卧功能更加齐全。客餐厅的南北互换让阳光可以长时间照射，使空间变得更加温暖，餐厅的隐藏式移门，既可以不破坏大空间，又做到了餐厅空调的节能。

楼梯选用钢丝绳悬吊，悬空处理让客厅多了一道美丽风景，又增添了空间趣味性。餐厅与二楼的玩耍空间设计了采光口，让原本狭窄黑暗的楼梯间变得宽敞明亮，使空间更加灵动。二楼主卧与书房即开即合的处理，增加了主卧内书房的功能又兼顾了其他空间对书房的使用，并加强了空间与空间的互动。

左：餐厅一角
右1：客厅
右2：楼梯
右3：沙发区

左1：二楼楼梯口过道
左2：一楼吧台
左3：餐厅
右1：卧室局部
右2：卧室

Huaqiao Resort Villa

花桥度假别墅

设计单位：上海飞视装饰设计工程有限公司
设　　计：张力
面　　积：350 m²
主要材料：木饰面、乳胶漆
坐落地点：江苏昆山

基于房子周边环境及整个小区都是东方院落的感觉，最终选择室内设计为现代东方风格。当然这里东方韵味更多的体现在业主平时的收藏方面，硬装只是给这些收藏提供了一个干净饱满的空间。所谓"干净"是因为大面上除了木饰面与白色乳胶漆墙面，并用白描的形式加以黑色钛金勾勒，除此之外没有其他材质。所谓"饱满"是空间是饱满的。

从公共空间的层层退进，室内空间，灰空间，以及室内外空间的相互借景；地下与地上及平层与挑空的高低空间错落，都使空间层次得到丰满的表现。这套别墅的设计定位，设计师希望区别平时所住的第一居所，能给业主带来的生活体验和心理感受是完全不一样的，带给业主更多的是"静"与"净"。

下沉式的客厅空间设计是这个户型的特点，设计师希望公共空间更通透，更流动。会客厅与餐厅的机能通过围绕楼梯设计的机能墙展开，这个核心筒兼顾了楼梯间、储藏室、真火壁炉和西式料理台的强大功能，反而是四周的墙面释放出来作为完整的展示舞台。

左：户外
右1：会客厅
右2：休闲室

左1：餐厅　左2：厨房　左3：卫生间

右1：客卧　右2：主卧室

The Wizard of Oz

绿野仙踪

设计单位：成都清羽设计公司
设　　计：宋夏
面　　积：116 m²
坐落地点：成都
摄　　影：季光

关于 TT 的家，我们想做一套比较纯粹的北欧风格：要有原木感的家具，慵懒的布艺沙发，毛线抱枕，Ferm living 的餐具，北欧小边柜，装饰小旗旗，经典招贴画，明亮通透的厨房，素净雅致的卫生间，精致简洁的小摆件，还有最最重要的各种绿色植物。我和 TT 在整个方案完成的过程中，随时都在畅想这个新家应该怎样呈现，以后买什么家具买什么画买什么餐具……TT 喜欢的是北欧风的干净明媚，想和一家人静静的呆在这样的家里，慵懒的度过每一刻闲暇时光。她和老公想给女儿一个自由成长的环境，打造一个犹如绿野仙踪一样的小小花园。于是，这个家，有了一个关于小公主爱与被爱的故事。半年的光阴一秒秒过去，我们终于为 TT 一家呈现出这样一个带着温度的房子。

沙发墙的装饰小旗搭配到北欧风十足的装饰画，构成了客厅的一角。沙发边的小边柜，简单实用。混搭的大小各一的圆桌，也能履行到茶几的功能。下午茶的好时光，阳光透过休闲阳台，洒向客厅与餐厅，整体通透干净。电视柜旁的收纳柜，摆放着精心挑选的摆件，简单别致。餐厅边的边几，静静的构成一幅美景。实木的吊灯，原木的餐桌，Ferm Living 的餐具，在这吃早餐心情都会变好。充满了童趣的儿童房，Tiffany 蓝的墙面，简洁的布艺床，洁白通透的窗帘，好想在这里静静休息。白色的木作搭配蓝色墙面，几何格纹的抱枕，在这学习都是那么的轻松。

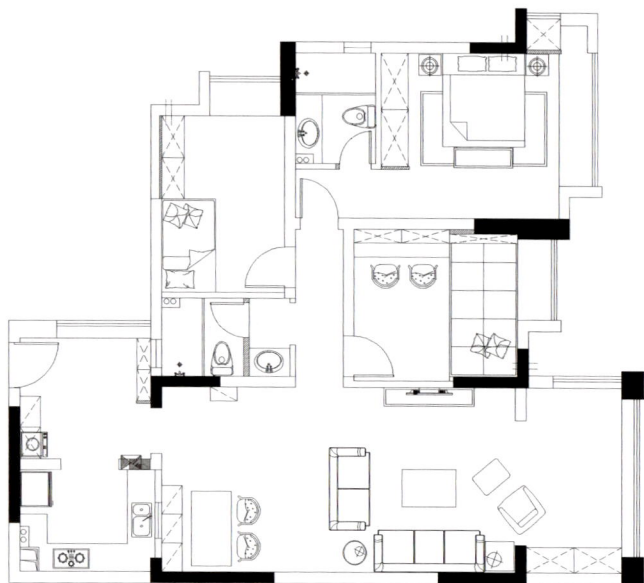

左：客厅一角
右：精致细节

Ink Jiangnan

印墨江南

设计单位：东易日盛南京分公司
设　　计：陈熠
面　　积：350 m²
主要材料：木饰面、皮革、墙纸
坐落地点：江苏南京

水墨之间营造的是伊人眼带笑意的欣喜，是父母洗尽铅华的古朴高雅，是女儿清冷透亮的双眸，是曾经岁月永久定格的背影。方案在设计初期并没有具体限制，对于业主来说，三代同堂，生活美满，儿女双全，一家人相伴就是他们内心最大期盼。在为他们打造爱巢时，我们将风格界定在黑白墨意之间，缘自捉住流逝的时光，将三代人的故事着笔晕染。

业主背景为 IT 与 HR 行业，开始对于设计并没有过多指向性，希望设计师能够自由挥洒，这样使得设计本身有了更大空间，设计师对建筑内部做了有序调整。首先，在这个 350 平方米空间中，带有立体感的山水画、简洁的暗灰色皮质沙发、家具与墙壁间的线条搭配，模糊了室内外的界定。坐在客厅的山水高墙下，品一壶茶，手中瓷器的触感，品相，仿佛带上了时光的味道，大有脱迹尘纷之感。

设计师将原始厨房的位置做了外扩，利用厨房里的阳台，为客卧的入口提供更多便利，餐厅背景玻璃隐形窗的巧妙设计给客卧带去采光，这种借光手法与苏州园林有异曲同工之妙。暖意的榻榻米，让小朋友多了一份学习环境，为家人增添了更多亲密空间，木饰面柜体的设计让餐厅墙面有了丰富的层次感。简单的天花，延边走的黑砂钢线，和墙面一些收口的砂钢线，柔和出了一种精致和味道，西厨的简洁便利与中厨的精致相互呼应，西厨为小孩带来童年的乐趣，老人与小孩也可毫无代沟的享受幸福的手工制作时光，为白领的快节奏生活省去不必要的担忧，夜幕降临，点一盏明灯一家人共进晚餐，刻下浓浓的亲情。

在本案色彩关系中，黑白灰的格调，彰显着时尚与简约，整个空间宁静雅致。室

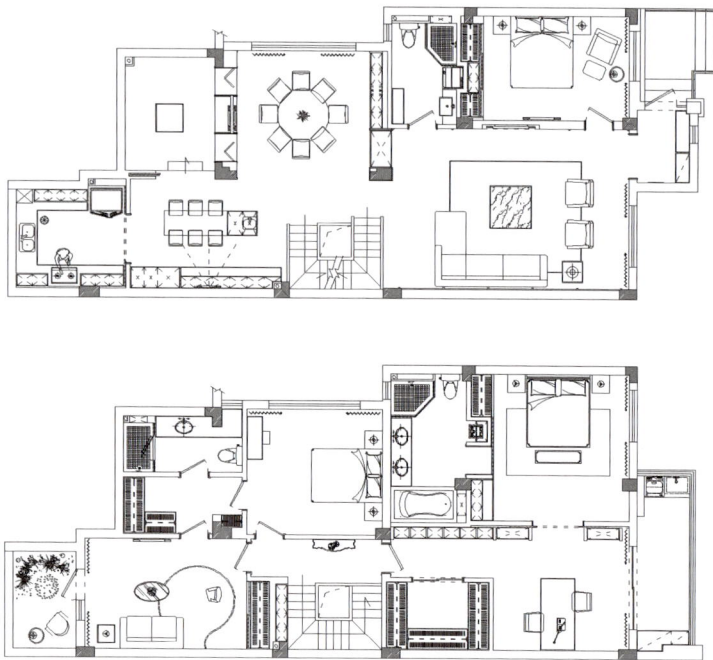

左：细节
右1：客厅局部
右2：客厅

内用了大量木质家具，诗意般静态的鸟儿与干支呼应将自然的感觉引入到室内。楼梯间石材的运用，结合点线面的气息在温婉端庄的空间中凸显出来。客厅的背景画，有一种泼墨和水墨印染的表现手法，表达出一种江南水乡的韵味。在这样特定的空间环境下，除却城市中嘈杂的氛围，让居住在其中的人们体会到江南水乡的宁静。

这样一个空间，这样一份设计，让主人的生活多了一份感悟，一份闲适，一份豁达。

左：餐厅局部
右1：楼梯
右2：空间透视

LADCO HOME

仅对设计师开放的进口家具贸易展厅

中美同价